Study on Calculation M
Risk Analysis for Embankment Dam

土石坝漫坝风险
分析计算方法研究

王雪妮 著

中国农业科学技术出版社

图书在版编目（CIP）数据

土石坝漫坝风险分析计算方法研究／王雪妮著 . —北京：
中国农业科学技术出版社，2020. 10

ISBN 978-7-5116-5001-6

Ⅰ.①土… Ⅱ.①王… Ⅲ.①土石坝-溃坝-风险分析

Ⅳ.①TV641

中国版本图书馆 CIP 数据核字（2020）第 173692 号

责任编辑　　于建慧
责任校对　　贾海霞

出 版 者　　中国农业科学技术出版社
　　　　　　北京市中关村南大街 12 号　邮编：100081
电　　话　　(010)82109708(编辑室)　　(010)82109702(发行部)
　　　　　　(010)82109709(读者服务部)
传　　真　　(010)82106650
网　　址　　http://www.castp.cn
经 销 者　　各地新华书店
印 刷 者　　北京建宏印刷有限公司
开　　本　　880mm×1230mm　1/32
印　　张　　5. 125
字　　数　　146 千字
版　　次　　2020 年 10 月第 1 版　2020 年 10 月第 1 次印刷
定　　价　　36. 00 元

前　言

　　水库大坝是人类社会发展中的巨大财富，在当今社会起着至关重要的作用。一方面，水库通过汛期蓄水减轻了非汛期水资源紧缺的现状，并通过水库调节降低了下游遭受洪灾的风险；另一方面，其存在又不可避免地带来了大坝失事的新风险，尤以土石坝最为突出。水库发生漫坝失事的主要诱因是洪水，因此对于洪水特性的研究显得极为重要。本研究在风险分析概述的基础上，对土石坝漫坝风险进行了分析，提出了一种基于改进蒙特卡罗法的计算漫坝风险值的新方法，同时对与漫坝风险计算密切相关的水文频率分析方法进行了研究，针对已有方法存在的不足，提出了一种新的水文频率分析计算方法。最终，以辽宁省大伙房水库为例对上述计算方法进行了实际应用。主要研究内容如下。

　　（1）基于风险分析相关理论及计算方法，提出了采用改进的蒙特卡罗方法计算漫坝风险值。该方法通过采用重要抽样与拉丁超立方抽样相结合的抽样法替代了直接蒙特卡罗法中的简单抽样。通过对其与直接蒙特卡罗法的抽样效果及收敛效果进行分析，可知改进的蒙特卡罗法在计算漫坝风险过程中有效提高了抽样效率，减少了计算工作量。

　　（2）由于随机变量频率分析误差的存在会对随机变量设计值计算结果产生影响，本研究提出在漫坝风险分析时应考虑频率分析的不确定性，并给出了考虑该不确定性时漫坝风险的计算方法。

　　（3）在水文频率分析计算中，为避免参数法的线型限制问题及非参数法复杂的核函数选取问题，提出了一种新的水文频率分析方法——基于概率密度演化法的水文频率分析方法。在对概率密度演化法原理分析的基础上，建立了水文频率分析模型，并给出了模型求解方法及水文频率设计值推求的具体流程。

（4）采用蒙特卡罗模拟，对所建立的基于概率密度演化法的水文频率分析模型鲁棒性进行了研究，发现与常用的参数法相比，该方法具有较好的鲁棒性。为进一步研究所提出方法的特性，以中国台湾石门水库及嫩江大赉水文站作为实例进行了数值分析。结果表明，同常用的参数法相比，基于概率密度演化法的洪峰流量频率曲线计算结果可以更好地与样本经验频率点据拟合，是一种可行且有效的水文频率曲线计算方法。此外，概率密度演化法还可以作为频率分析参数法估计结果的对比，用来分析检验参数法所采用的假设总体分布是否合理。

（5）以辽宁省大伙房水库为例，对其漫坝风险进行了分析，分别给出了不考虑频率分析不确定性及考虑频率分析不确定性时，由洪水引起的漫坝风险值和由洪水与风浪联合作用引起的漫坝风险值。数值分析结果表明，风浪及频率分析不确定性均对大伙房水库漫坝风险值产生一定的影响，特别是风浪作用。根据计算结果，对大伙房水库的调度运行提出了一些建议，以期在保证大坝安全的前提下提高水库兴利效益。

本书全面介绍了上述研究及其取得的结果和结论。因学识水平所限，书中难免存在疏漏，敬请读者批评指正。

著　者

Preface

The dam is the great wealth in the development of human society, which plays a vital role in modern society. On one hand, the water shortage situation in non-flood season can be reduced through retaining water during the flood period by reservoir, and the flood risk imposed on downstream can also be cut down with the help of reservoir regulation. On the other hand, it needs to be pointed that the existence of reservoir will bring the new risk of dam failure inevitably, especially for the embankment dam. Flood is the main reason causing overtopping accident of reservoir. Therefore, it is particularly important to conduct the study of flood characteristics. On the basis of the introduction about risk analysis, the overtopping risk for embankment dam is conducted. A new method used for calculating the value of overtopping risk, based on an improved Monte Carlo method, is proposed, and the hydrological frequency analysis method which is closely related to the calculation of overtopping risk is also studied. According to the disadvantage of these methods, a new theory for analyzing hydrological frequency is proposed. Finally, the methods mentioned above are applied in practical project taking Dahuofang Reservoir in Liaoning Province as an example. The main contents in this paper are as follows:

1. On the basis of introducing relevant theory and method of risk analysis, an improved Monte Carlo method used to calculate overtopping risk is proposed. The combined Important Sampling and Latin Hypercube Sampling method is adopted instead of the traditional Monte Carlo sam-

pling method, which can improve the sampling efficiency, and reduce the effort of computation, in the aspect of sampling effect and convergence effect.

2. Due to the fact that the existence of random variable frequency analysis error will influence the calculation results of random variable design values, the uncertainty of frequency analysis is taken into account when studying the overtopping risk in this paper. In addition, the corresponding calculation method of overtopping risk is also given.

3. A new approach for flood frequency analysis based on the probability density evolution method (PDEM) is proposed, which can avoid the problem of linear limitation for flood frequency analysis in a parametric method and avoid the complex process for choosing the kernel function and window width in the nonparametric method. Based on basic principle introduction of PDEM, the flood frequency analysis model is established, and the corresponding solution method, as well as the detailed process of calculating design values of flood frequency, is also given.

4. The robustness of flood frequency analysis model built based on PDEM is investigated using Monte Carlo simulation, and the conclusion that the method proposed in this paper is prior to the commonly used parameter method from the perspective of robustness, is obtained. In order to further study the properties of the method proposed in this paper, the Shihmen Reservoir in Taiwan and Dalai Hydrologic Station in Nen River, are selected to have the numerical investigation. The results indicate that the flood frequency curve obtained by the PDEM has a better agreement with the empirical frequency than that of the parametric method widely used at present. The method based on PDEM is an effective way for hydrological frequency analysis. In addition, the PDEM can also be treated as the reference of parameter method when conducting frequency a-

nalysis, in order to analyze and verify the reasonability of assuming population distribution by parameter method.

5. The overtopping risk analysis is conducted with the example of Dahuofang Reservoir in Liaoning Province. Moreover, the effect of whether the uncertainty factor is considered or not, and only the flood factor, as well as that of combined flood & wind, on the calculation results are all discussed. Numerical results show that, both of wind and uncertainty have an impact on the overtopping risk values, in particular, the effect of wind is more obvious. According to the calculation results, some recommendations about regulation and operation for the reservoir are suggested, with the anticipation to increase the effectiveness and profit under the prerequisites that the safety of dam can be ensured.

Key Words: Embankment dam; Risk analysis; Overtopping; Hydrological frequency analysis; Improved Monte Carlo method; Probability density evolution method (PDEM)

主要符号表

符　号	代表意义	单　位
e	水面壅高	m
Q	流量	m^3/s
W	计算风速	m/s
D	风区长度	m
H_m	水域平均水深	m
R	风险	
P_f	事件的失效概率	
K	洪水预报参数	
SSQ	残差平方和	同待评价变量
RMSE	均方根误差	同待评价变量
PDEM	概率密度演化法	
CFM	适线法	
AMPD	年最大洪峰流量	m^3/s
P-Ⅲ	皮尔逊三型分布	
LN	对数正态分布	
Gamma	伽马分布	
MCS	蒙特卡洛模拟	
LHS	拉丁超立方抽样	
IS	重要抽样	
LSM	最小二乘法	

目　　录

绪　论

1.1　课题的工程背景及研究意义

我国水能资源具有总量丰富但时空分布极不均衡的特点，为充分利用我国水能资源，满足工农业迅速发展以及人民生产生活用水和兴利除害的需要，自 20 世纪 50 年代，大批水利工程应运而生，截至 2014 年 8 月的统计，我国已建大坝超过 9.8 万座。大坝的建设，一方面增强了江河沿岸区域的防洪能力，能充分利用水资源进行发电、灌溉及供水等，极大地促进了社会发展，为人类社会的经济建设作出了重要贡献；另一方面，大坝存在的安全隐患对人类生命及经济财产构成了巨大威胁，一旦发生失事，造成的后果极其严重。

由于历史原因及土石坝自身具有的诸多优点，例如对地基的要求低、选址方便、坝体结构简单、设计简便、施工工序少、易于维修扩建等，土石坝成为全球范围内同时也是我国水库大坝建设中数量最多的坝工型式，占全部水库大坝数量的 90% 以上。而在未来，该坝型依然会在水利工程建设中占有广阔空间。

在水库大坝工程建设早期，土石坝在我国大坝防洪及经济社会发展中发挥了巨大作用，然而受资料不全、设计不周、施工不良、管理不当以及自身材料特性等因素所限，土石坝在运行过程中暴露的问题也较多，工程事故频发。据相关资料统计，洪水漫顶是导致全世界大坝失事的主要原因，约占总失事概率的 1/3，而由洪水漫顶引起的土石坝事故比例更高，达到了土石坝总失事概率的 50%。并且，由于土石坝材料的特殊性，其一旦发生漫顶事件，则将导致溃坝等严重后果，使下游人民生命财产安全受到巨大威胁[1]。例如，1975 年 8 月，位于河南省的板桥、石漫滩两座大型水库漫溢溃坝，造成大坝下游驻马店、许昌、周口等地区 29 个市（县）12 000 km² 的土地受淹，1 700 万亩（15 亩 = 1hm²。下同）耕地、1 100 多万人受灾，2.6 万人死亡，冲毁京广线铁路 100 多 km，京广线中断 18 天，影响正常通车 48 天，直接经济损失约为 100 亿元。由此可见，对土石坝漫顶风险的研究必要且非常重要。一方面，漫坝风险分析对已建土石坝的维修管理以及除险加固有重大的指导意义，在一定程度上可避免溃坝事件的发生；另一方面，对于即将兴建的土石坝工程，该研究则可提供有利的设计及参考依据。

由于缺乏对入库洪水具有随机性特点的了解，为避免洪水漫坝的发生，保证水库工程及下游居民生命财产的安全，汛期人为降低水库水位运行产生大量无益弃水，而汛后则因来水少使得水库兴利库容未能蓄满，导致水库效益无法正常发挥的情况比比皆是[2]。一方面，我国是缺水国家，水资源分配极不平衡且短缺现象日益加剧，被迫降低水位和弃水，不仅造成了宝贵水资源的严重浪费，使水库综合效益低下，而且会影响到相关水利企业的经济效益，降低其生存和持续发展能力；另一方面，我国同时也是一个洪涝灾害严重而频繁的国家，新中国成立以来，虽有大坝在拦阻和疏通方面发挥了一定作用，但大型及特大型洪水灾害仍频繁出现，各方面损失更是不计其数。因此，如何在预防洪涝灾害与洪水资源有效利用之间架起一座桥梁，解决工程安全、保障人民生命财产与工程经济的矛盾一直是水利工程从业人员需要面对的重大课题。漫坝风险分析则为解决该问题提供了行之有效的办法。

自 20 世纪 40 年代起，国外学者基于风险理论展开了对土石坝的研究，通过风险因子的识别与分析，对导致土石坝失事影响较大的风险因子进行控制。与国外相比，我国对土石坝工程的风险研究起步较晚，始于80年代末，至目前为止，已经形成了较为完善的漫坝风险分析理论，考虑了洪水、风浪、水库面积和库容以及泄水能力等不确定性，并将JC法、蒙特卡罗法等抽样统计方法应用于土石坝漫顶风险分析中。一般来讲，洪水和风是导致土石坝漫顶发生的主要风险因子。由于风浪对漫坝的影响有限且计算方法相对较为成熟，故漫坝风险分析的侧重点一直以来都是对不确定性因素较多的洪水漫坝风险研究。

洪水同降水、干旱等同属典型的水文现象，其具有水文现象所存在的两面性，即确定性与不确定性，其中，不确定性也常被称为随机性或模糊性。目前，常用于水文频率分析计算的方法有数学物理方法、模糊集分析方法、经验相关方法以及频率分析方法。由于受实测资料、理论推导与计算手段等的限制，数学物理方法在水文分析中应用较少；鉴于模糊集分析方法的理论发展仍不够成熟，因此，目前难以在水文分析中广泛应用；而经验相关方法虽然直观、简易且较为有效，但其存在着缺乏一定机理分析的缺点；相比前4种方法，频率分析方法是最为常用的水文分析计算方法。

作为水文现象的一种典型代表，洪水现象虽具有随机性，但人们在千百年来与洪水抗争的过程中发现，洪水同样存在有确定性的一面，其发生与发展遵循着某种规律性，而频率分析方法则正是以概率统计理论为基础，通过对洪水现象的长期观察，探索其统计规律，同时对其水文特征值进行频率分析，进而获得特定设计频率对应设计值的一种方法。

水文频率分析是开展水利工程设计、校核计算的基础，在研究漫坝风险分析时，对洪水及其频率进行研究非常重要。随着社会经济的发展，全球环境发生了极大的变化，因此，水文事件的不确定性和复杂性也在原有基础上进一步增加，传统的水文频率分析方法及技术手段不断受到挑战。因此，在已有方法及研究基础上进行改进，提出并建立更加行之有效的水文频率分析方法，可为漫坝风险分析研究奠定坚实基础，从而更为客观地评价漫坝风险，为水库安全调度及合理利用水资源提供理论依据。

1.2　国内外研究现状

1.2.1　水文频率分析研究进展

水文频率分析的目的是，根据实测资料和历史调查等资料，推求水文随机变量 Q 的概率分布函数 $F(Q)$，据此对未来的水文情势作出预估。水文频率分析是大坝泄洪建筑物、桥涵以及其他防洪工程规划设计的依据[3]。水文频率分析不仅能为即将建设的水利工程提供设计依据，而且可以为已建水利工程的风险分析及水资源系统化利用提供计算基础。因此，选择合理的水文频率分析方法极其重要。

美国是最早系统性开展水文频率研究的国家，早在 1968 年，美国便颁布了洪水设计计算指南[4]，随后，通过不断的修改与补充，目前该指南已比较完善。继美国之后，英国水文研究所（1975）、爱尔兰国立大学（1989）以及英国剑桥大学（1997）等相关科研机构陆续撰写了关于洪水研究的报告或著作，1999 年由英国科研机构重新编写的《洪水估算手册》更是在世界范围内得到了广泛应用[5]。

1.2.1.1　参数法

从广义角度而言，水文频率分析方法可分为参数和非参数方法。其中，参数法是我国水利水电工程设计水文频率分析常采用的一种方法。其基本思路为：假定总体分布线型，如 Pearson-Ⅲ（P-Ⅲ）型分布、Gumbel 分布、正态分布等；对其统计参数进行估算，根据分布函数推求设计值。

（1）分布线型选取　对于分布线型的选取，国内外学者进行了大量的研究。Kite[6]对卡方及柯尔莫哥洛夫-斯米尔诺夫两种经典的频率分布检验进行了介绍。Gupta[7]采用弗里德曼非参数统计检验从 10 种常用的频率分析方法中选取最佳拟合模型。Turkman[8]提出了极值模型选择的赤池信息标准并分析了其在选择 Gumbel、Frechet 以及 Weibull 等分布线型时的有效性。Ahmad 等[9]研究了水文频率分析的对数逻辑分配，并通过拟合优度经验分布函数检验将其与 3 个对数正态以及 P－Ⅲ参数的广义极值进行了比对。Kuczera[10]利用 Monte Carlo 贝叶斯方法对预期概率分布以及任意洪水频率分布下分位数的置信区间进行了全面的研究。基于大量澳洲年最大洪水数据，Rahman 等[11]利用 4 种拟合优度检验（赤池、贝叶斯信息准则以及安德森—达林、柯尔莫哥洛夫—斯米尔诺夫校验）分析了 15 种不同的概率分布适用性。

概率曲线相关系数法（Probability Plot Correlation Coefficient，PPCC）检验是另一种较为有效且便于应用的参数分布选取方法。PPCC 于 1975 年由 Filliben 作为正态复合假设完整样本的校验统计而提出[12]。自此之后，PPCC 扩展到研究各种概率分布类型等领域。Vogel[13]在 1986 年提出了基于正态、对数正态以及 Gumbel 分布的改进 PPCC 检验。随后，他与 McMartin[14]共同对 P－Ⅲ分布进行了 PPCC 假设检验。Heo 等[15]则研究了 Gamma、GEV 以及 Weibull 分布的 PPCC 检验统计。

（2）参数估计　在选定分布线型后，则需通过某种方法对所选分布的参数进行估计，这也是采用参数法进行水文频率分析计算中的关键环节。所采用的参数估计方法不同，得到的结果差异也较为明显。通常来讲，矩法（Method of Moments，MOM）其中又包含线性矩法（Linear Moments，L-Moments）和概率权重矩法（Probability-Weighted Moments，PWM）、极大似然法（Method of Maximum Likelihood，ML）以及适线法较为常见。

矩法是获取点估计最为古老的方法。Kite[16]采用传统矩法编制了计算机程序对 EVIIIM 分布的参数进行估计。同样基于该方法，

Hosking[17]开发了线性矩理论并将其应用于频率分析中。结果表明，同传统矩法相比，线性矩法在估算中很少出现偏差，对于拟合分布可以获得更为准确的参数估计。1996 年，Wang[18]推导出线性矩法直接采样估计的表达式。随后，诸多学者加入该方法的实际应用研究之中。Bhattarai[19]采用线性矩法估算了 GEV 分布的参数，结果表明，线性矩法优于传统方法。Zafirakou-Koulouris 等[20]介绍了一种观察截尾的线性矩法程序，用于评估左截尾数据交替分布假设的拟合优度。Gubareva 等[21]比较了线性矩法与传统矩法和极大似然法之间的差异，并通过实例指出了线性矩法的优势所在。

PWM 是矩法的又一典型代表，其最早由 Greenwood 等[22]提出并在各类型分布参数的估计中应用。Landwehr 等[23]采用 PWM 法对 Gumbel 分布进行了参数估计并将其与传统矩法进行了比对，结果表明，PWM 法的适用性更强。Hosking 等[24-25]利用 PWM 评估了广义极值分布及广义 Pareto 分布的参数。Seckin 等[26]则分别根据 PWM 和 ML 法研究了对数 P-Ⅲ、对数正态-3、广义极值以及 Wakeby 分布的参数分布。针对最小广义极值分布，Raynal-Villasenor[27]提出了用于低频流量参数估计分析的 PWM 算子。同样基于 PWM，Wang 等[28-30]介绍了用于样本截尾的偏 PWM 法拟合分布函数，并推导了适用于 GEV 分布的统一表达式。该方法的鲁棒性较好，且保留了一般 PWM 法的优点。Diebolt 等[31]提出的广义 PWM 法则在一定程度上扩展了 PWM 法的适用范围。

除矩法之外，极大似然法也是估计参数的一种有效方法。其首先由德国数学家 Gauss 在 1821 年提出，因英国统计学家 Fisher 在 100 年之后的 1922 年再次提出该思想而得名。Prescott 等[32]最早将 ML 法应用于估计参数研究。Cohn 等[33]在历史及远古洪水信息的领域将 ML 法发扬光大。Jam 等[34]则利用包括 ML 法在内的 7 种不同方法对 55 年洪水资料的极值参数进行了估算，计算结果突出了 ML 法的优越性。近年来，Adlouni 等[35]通过引入协变量建立了一种广义 ML 法，经与一般 ML 法在 GEV 模型的参数估算中比较发现，广义 ML 法的表现更好。

适线法的实质是通过样本的经验分布来拟合总体的分布，并据此来确定总体分布参数。适线法主要包括目估适线法和优化适线法。由于具备灵活性高且易于操作等特点，适线法在我国实际水文频率分析中被广泛采用[36-41]。然而，该方法的缺点同样明显，具体体现在主观性强，结果因人而异。显然，适线法的客观性较差[42]。丛树铮等[43]利用 Monte Carlo 法研究了 MOM、ML 法以及经过优化的适线法的统计性能。结果表明，带有 Weibull 点绘公式及绝对范数的适线法拥有最佳表现。宋松柏等[44]根据模拟退火、遗传算法，以及基于相对离（残）差平方和最小准则（WLS）、离（残）差绝对值和最小准则（ABS）的模拟退火方法对适线法进行优化从而优选参数值。近年来，根据不同拟合曲线的标准，董闯等[45]讨论了水文频率分析中曲线拟合的群智能优化算法。

需要指出的是，无论采用何种统计参数估计方法，参数法都是基于假设总体服从某一特定分布而展开的。显然，当假定分布与实际不符时就很难保证其估计结果的精度，并且有限的分布线型难以完全满足各种实际应用。对此，周富春[46]、Liang 等[47]尝试采用其他统计分布来改善参数方法水文频率分析的线型分布限制问题，但依然没有改变先给定先验分布类型这一线型问题的思想藩篱。

1.2.1.2 非参数法

非参数统计方法以参数统计方法的对立形式出现，其与参数统计方法相比具有适用面更广、需要样本容量更大、鲁棒性更强等特点，此外，二者在使用样本的信息方面也存在不同。

1981 年，Tung 和 May[48]开辟出了一种新的洪水频率分析途径，即将非参数统计方法应用于水文频率分析中。非参数统计方法无需假定总体分布，避免了水文频率分析参数方法中的线型限制问题，因此在水文频率分析中的应用和研究逐渐受到重视。Adamowski 等[49]首次将非参数核密度估计方法应用于洪水频率分析并采用非参数方法估计概率分布函数，同时将其与不同假设分布进行了对比。结果表明，该方法能描述洪水的多峰模式，可用于设计洪水。Schuster 和 Yakowitz[50]针对参数和非参数法在模型选择和信息利用方面的缺陷，提出了一种将二者相互结合的密度估计方法并证明了这种方法的有效性。杨德林[51]在核函数及窗宽的选取上给予充分考虑，从而构建了包含大量洪水信息的非参数核估计数学模型，并采用实测洪水资料对年最大洪峰流量的频率曲线进行了拟合。研究表明，采用非参数核估计计算洪水频率具有较好的精度。Adamowski[52]利用 Monte Carlo 试验比对了参数与非参数法在洪水频率估算上的差异并指出，非参数核密度估计法可以给出更为可靠的洪水设计值。Wu 等[53]在 1989 年提出将傅里叶级数法作为一种可行的非参数法用于年洪水流量密度及分布函数的估算。与此同时，基于标准水文记录的年最大洪水量，Bardsley[54]给出了改进非参数法研究洪水频率分析的建议，使得历史或远古洪水数据与非参数法的结合成为可能。在此基础上，Guo 和 Adamowski[55-56]根据我国实测资料短、历史洪水和古洪水研究具有特色的特点，进一步提出了包含历史洪水及远古洪水信息的非参数变量核估计模型。随后，Lall 等[57]对采用非参数核估计法进行洪水频率估算的关键特性进行总结，并研究了核函数及窗宽的选择。Faucher 和 Rasmussen 等[58]提出的内插估计法属于 Altman 和 Leger 估计法的改进，其最大优点是可以估算离散样本的分位数，解决了最小二乘交叉证实法（LSCV）和大部分其他常用方法在窗宽估算方面存在的不足。Kim 和 Heo[59]利用韩国 Goan 水文观测站的年最大洪水资料，基于 Monte Carlo 试验，比较了参数与非参数洪水模型之间存在的差异。董洁[60]在非参数法计算洪水频率分析方面的贡献在于，其建立的非参数密度变换和非参数变换回归模型使得核估计的精度不再依赖于依靠大样本。Kwon 和 Moon 等[61]提出了一种通过降雨径流估计洪水频率的非参数方法。其优点在于将中心拉丁超立方抽样引入洪水频率的不确定性估计中，从而使 Monte Carlo 的模拟精度得到大幅提高。而 Karmakar 等[62]则采用一系列参数分布函数以及基于核密度估算和正交序列的非参数方法对洪水频率分析中的峰值、体积以及持续时间的边缘分布函数进行了分析。Quintela-del-Río[63]对采用非参数法估计洪水频率时的交叉验证窗宽选择方法进行了研究,通过模拟实验对其在小样本频率估计中的性能进行了检验。Sarlak[64]采用基于局部权重多项式法和 K-近邻法的非参数法对土耳其年最大洪水频率进行了分析,并将计算结果与采用参数法得到的相应结果进行了对比,发现所应用的非参数法计算结果与历史样本数据拟合更好。Salarijazi 等[65]以 Ahvaz 水文站的年最大洪水为例,分别采用参数法及非参数法对实测数据进行了拟合,并应用 Akaike 信息准则、贝叶斯信息准则和均方根误差对计算结果进行了评判。结果表明,对数 P-Ⅲ型分布适合于洪峰流量资料频率分析,而非参数法则更适合于洪量及洪水历时资料分析。

经过几十年的发展,非参数理论研究虽然取得了诸多突破与进展,但与参数法相比仍处于初级研究阶段,目前还不够成熟,具体体现在:①对不同情况下应如何选择较优核函数和窗宽的问题缺少统一的标准,在实际应用中可操作性较差;②在可以确定总体分布类型的情况下,非参数法在针对性及精度方面不如参数法;③与参数法相比,非参数法需要更多的样本才能获得采用参数法计算得到的精度。因此,非参数法是一种相对保守的方法。

1.2.2　漫坝风险分析研究进展

"风险分析"的概念最早可追溯到 20 世纪 70 年代的美国。早期对于风险的了解,人们主要印象是如购买保险的"风险管理"以及以财政支出额度的模糊评判为标准的"风险评估"。后历经几场灾害的洗礼以及国家新闻媒介的大力宣传,风险分析的观念才逐步真正地被越来越多的人们所了解及接受。1980 年,美国正式成立了风险协会,与之同名的是 1988 年在奥地利建立的风险分析协会欧洲分会。随后，欧盟的出现及不断发展更是将风险分析和安全标准的规范化发展提升到了一个新的高度。相比之下，受经济、政治和文化等因素影响，风险分析在亚洲，特别是发展中国家开展较晚，但近些年呈现出了良好的发展势头。风险分析通常与不确定性联系在一起，并与可靠性相对立。经过不断的发展，风险分析和可靠度理论已逐渐形成了一门应用科学，其研究范围也由早期的航空航天、电子系统、核工程向农业、化工、地质灾害以及土木水利工程等领域延伸。

20 世纪 60 年代末、70 年代初，国际上开始了对大坝风险分析的研究。1976 年，位于美国的 Teton 大坝和 Taccoa Fans 大坝相继失事，造成的灾难性后果引起了广泛关注，也使得美国和苏联等国家开始开展有关大坝防洪风险方面的研究工作。Yen[66]提出了一种失事风险的计算公式，其缺陷是仅考虑了水文的不确定性。在此基础上，Yen 和 Ang（1971）对风险分析方法进行了论述，通过进一步划分不确定性因素，提出了一种在资料不够全面时处理不确定性的方法。Tang 和 Yen（1972）认为应同时考虑泄洪不确定性与入库洪水的不确定性，并首次提出了有关综合风险的概念。1973 年，ASCE 工作委员会撰写的报告提出了风险费用的概念并指出，泄流能力应取风险损失与年费用之和为最小的泄流能力。Rackwitz（1976）首次提出将一次二阶矩法应用于防洪风险计算。此后 1 年，Ciria（1977）又对一次二阶矩法进行了更为细致的介绍。同年，Wood[67]对洪水诱因造成的堤防漫顶风险展开了研究，开辟了漫坝风险研究的先河。Fahlbusch（1979）通过研究大坝的失事风险标准指出，下游居民的多少与失事后损失的严重性是大坝所承担风险的首要考虑因素。1980 年，Tung 和 Mays[68]首次提出将洪水看作是动态随机过程，并给出了考虑洪水重复发生情况的动态风险模型。随后，他们又在静态和动态两种情况下，分别建立了综合考虑水文与水力不确定性的堤防漫顶风险模型[69]。Cheng、Yen 和 Tang（1982）结合水文、水力两方面不确定性因素，对漫坝风险进行了评估，并将风险标准的覆盖面扩大。Slobodan（1984）针对多用途水库系统，提出了可靠性规划模型的两层算法。随后，基于Slobodan提出的模型，Yazicigil（1985）研究了风险及可靠性对水库设计的影响。Leach 和 Haimes[70]提出的分割风险法主要用于研究各单项目标风险的灵敏性。1988 年，Haimes 等[71]运用该方法研究了大坝失事的概率，同时在洪水频率的外推扩展方面作出了重要贡献。在此基础上，Afshar 和 Marinol（1990）对采用风险分析设计溢洪道最优泄流能力的方法进行了介绍。20 世纪 90 年代以来，Salmon 和 Hartford[72-73]率先总结了大坝安全风险评估的要点和评价体系构成，但对评估过程中如何处理不确定性因素未作出讨论。随后，二人于 1996 年又进一步介绍了风险在大坝安全监测和管理的作用。Martin 和 Mccann（1997）的研究是对过去 20 多年的大坝风险评估的一次很好总结，同时指出了未来时期大坝风险分析面临的困难和挑战。Habibagabi（1997）首次提出用人工神经网络来进行大坝地震风险分析，为人工智能算法在大坝风险评估领域的研究指明了方向。进入 21 世纪，Kreuzer（2000）对不确定情况下风险分析相应决策方法进行了研究。Lemperiere（2001）则将各种大坝类型和分析方法进行了匹配划分，同时讨论了其目的和意义所在。Lee[74]的贡献在于开发了较为完备的用于量化评价大坝发生风险后果的不确定性影响方法。而 2003 年由美国垦务局颁布的大坝安全风险分析方法技术指南则是对该领域研究的进一步完善[75]。Sun等[76]建立了由洪水和风导致的漫坝风险分析模型，并分别采用改进蒙特卡罗法和均值一次二阶矩法对模型进行了求解。为更加准确地得到具有多模态特征的初始水位概率密度函数，作者采用了非参数核函数密度估计法对其进行计算。以东武仕水库为例，对其漫坝风险进行了评价。计算结果表明，采用改进蒙特卡罗法得到的漫坝风险小于均值一次二阶矩法相应计算结果，此外，由敏感性分析得知，对于漫坝风险而言，初始水位比风速更加敏感。Zhang 和Tan[76]建立了包含洪水漫坝概率及漫坝损失的综合风险评估系统。

以两河口水电站为例，基于 Matlab 和 Delphi 软件，采用蒙特卡罗法及 JC 法，分析了其洪水漫坝风险评估过程。Goodarzi 等[77]分析伊朗南部的 Doroudzan 水库的漫坝风险及不确定性。采用蒙特卡罗法和拉丁超立方抽样法对泄流系数、洪峰流量分位数及初始水位的不确定性进行了评估。漫坝分析结果表明，水位的增加及风速的增大都会显著影响漫坝风险。Ahmadisharaf 和 Kalyanapu[78]采用风险及可靠度分析方法，调查了径流时间变化对 Burnett 大坝漫坝风险的影响。

国内水利工程的安全风险分析始于 20 世纪 80 年代末，徐祖信和郭子中[79]针对敞式溢洪道泄洪建立了基于 JC 法的风险计算模型。金明[80]研究了水力不确定性在风险分析中的作用。姜树海[81]将随机微分方程运用于水库的调洪演算，各种不确定性因素的妥善考虑使得防洪风险分析建立在科学的基础之上。冯平等[82]通过风险效益分析确定了岗南水库超汛限水位。王长新等[83]综合运用 JC 法和蒙特卡罗法对泄流布置方案的风险分析进行了研究，并指出水文风险在泄洪综合风险中占主要作用。谢崇宝等[84]建立了一种基于随机模拟法计算水库防洪安全综合风险率的模型。王卓甫[85]提出了考虑洪水不确定性的施工导流风险计算方法。赵永军等[86]将水文风险和水流风险加以区分，在考虑水流风险因子的风基础上，对河道防洪堤岸仅在水流参数出现偏差情况下的失事概率进行了研究。姜树海[87-88]着重分析了防洪设计标准对大坝防洪安全的影响，并采用事故树分析方法分析了漫顶失事的过程。吴时强等[89]利用泄洪风险分析方法对采用非常泄洪设施对大坝安全的影响进行了评估。陈肇和及李其军[90]建立了在洪水和风浪联合作用下的土坝漫坝风险理论，并提出了风险取值标准。王本德等[91]提出在水库洪水标准的风险分析中运用标准风险评估方法。梅亚东和谈广鸣[92-93]采用随机模拟方法计算了大坝防洪安全综合风险率并阐述了大坝安全可接受风险及失事概率。朱元甡[94]研究了不同导致灾害的风险因子对海上防洪（潮）安全的影响。汪新宇等[95]采用可靠性分析方法与复合泊松模型分布相结合的方法计算了防洪体系超标洪水机构可靠度和水文风险率。麻荣永[96]提出了一种考虑风浪影响、基于积分一次二阶矩法的计算土石坝漫坝风险的方法。姜树海等[97]分析了大坝防洪随机时变特征，建立了时变随机量量化的单因子函数模型和多因子综合模型。莫崇勋[98-99]系统性地对风浪及洪水共同作用下土石坝发生漫坝风险的评估以及效应进行了研究，提出了一种土石坝漫顶风险的评估模式，为漫顶风险评判提供依据。孙颖等[100]对大桥水库漫坝风险进行了分析。党光德[101]以新疆玛纳斯河夹河子水库为例，建立了其相应的漫顶失事模糊风险模型。周建方等[102]则根据水库大坝的破坏模式，提出了一种用于评估大坝安全风险的贝叶斯网络法。

近年来，李宗坤等[103]通过分析水文、水力因素的不确定以及土石坝施工进度的不确定性，确定了洪水位的分布及建设中挡水建筑物顶部高程的分布。并基于此建立了漫坝风险数学模型，计算出了土石坝建设期各阶段漫坝风险以及综合漫坝风险。彭辉等[104]研究了基于随机微分方程推求极端降水条件下某一土石坝水库的入库和下泄洪水过程线，并结合不同调节水位、风浪、雍高以及是否正常泄洪等因素，采用蒙特卡罗法计算了该大坝的漫坝风险。

经过30余年的发展，水库漫坝风险相关理论已日趋成熟。但需要指出的是，受各种主客观原因所限，水库漫坝风险分析在风险值允许范围的合理确定、风险评判方法的确立、风险模型中人为因素不确定性的度量、工程防洪标准的评判以及漫坝风险分析的效应研究等方面仍存在一些问题。漫坝风险分析以水文频率分析作为基础，后者存在系统复杂、涉及面广以及影响因素众多等特点，导致漫坝风险分析无论在理论方法，还是在应用方面均未达到成熟和完善的地步。为此，本文通过对水文频率分析方法进行改进，进而开展水库漫坝风险评价及效应研究，期望针对上述不足取得些许突破，为推动水文频率及漫坝风险分析的发展作出贡献。

1.3 主要研究内容

在进行漫坝风险分析时，如何选取相关风险计算方法十分重要。由于洪水和风是导致漫坝失事的主要风险因子，对二者的频率进行分析，进而研究其分布特性同样是漫坝风险分析的重要组成部分。本文围绕上述两方面内容开展相关研究工作，论文基本框架主要包括两部分：①漫坝风险分析。基于对风险分析理论的介绍，对漫坝风险进行了较为系统的分析。采用一种改进的蒙特卡罗法对漫坝风险进行计算，讨论频率分析不确定性对漫坝风险计算结果的影响。②水文频率分析方法研究。该研究可为漫坝风险计算过程中的随机变量抽样奠定基础。在介绍现有水文频率分析方法的基础上，提出了一种基于概率密度演化法的水文频率分析模型，为水文频率分析提供了一种新的途径。本书分以下几个方面介绍研究内容和研究结果、结论。

（1）绪论 阐述了选题背景及研究意义、水文频率分析研究进展以及漫坝风险分析研究进展。在此基础上，提出了研究的主要内容和总体思路。

（2）风险分析基本理论、模型及计算方法 在对风险分析的定义、表示方法、目的、内容等进行概要介绍的基础上，给出系统功能函数的几种表达方式，并介绍与风险分析密切相关的不确定性分析，总结不确定性分析的 8 种方法。此外，考虑到工程系统中风险问题通常是由多因素引起的，需要将不确定性分析得到的单因素失效计算结果合理地组合在一起。因此在本部分对常用的几种系统可靠度分析方法进行了简要介绍。

（3）漫坝风险分析 针对漫坝导致的大坝失事约占土石坝总失事概率 50% 的现状，在第 2 部分风险分析相关理论介绍的基础上着重对漫坝风险进行了分析。给出漫坝与漫坝风险的基本概念和漫坝风险评估步骤。介绍由洪水引起的漫坝、风浪引起的漫坝以及洪水和风浪联合作用下的漫坝风险。此外，还提出了一种可用于漫坝风险计算的改进蒙特卡罗方法，并对漫坝的不确定性进行了分析。

（4）水文频率分析方法研究　水文频率分析是漫坝风险计算中的重要环节之一，同时也是开展漫坝风险分析研究的基础。本部分对水文频率分析的参数估计法和非参数估法进行了较为详细的介绍，包括参数法的线型选取和参数估计方法介绍，以及4种常用的非参数法介绍。此外，总结两类频率分析方法的优缺点，并针对其不足提出一种新的水文频率分析方法，建立了基于概率密度演化法的水文频率分析模型，并给出模型求解及水文设计值推求方法。

（5）基于概率密度演化法的水文频率分析　运用统计试验方法验证基于概率密度演化法水文频率分析模型的鲁棒性。在此基础上，分别以中国台湾石门水库及黑龙江省嫩江大赉水文站为例，应用概率密度演化法对其洪水频率进行分析，并将计算结果与参数模型的相应结果进行比较分析。

（6）大伙房水库漫坝风险分析　通过收集整理辽宁省大伙房水库的相关水文、气象等资料，并根据第4部分提出的洪水频率分析模型及第3部分提出的改进蒙特卡罗法，采用 Matlab 软件编制电算程序，对大伙房水库进行漫坝风险计算，并对计算结果进行了分析。

（7）结论与展望　对全文的主要研究内容及取得的成果进行了概要的总结，并对有待进一步研究的问题进行了展望。

本书的结构框架如图 1.1 所示。

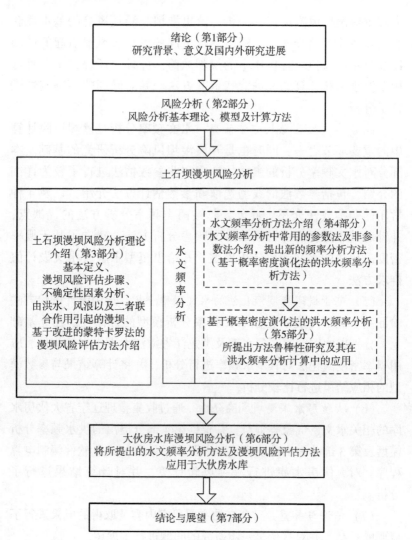

图 1.1　论文结构框架

Fig. 1. 1　The structure diagram for this paper

风险分析基本理论、模型及计算方法

2.1　风险分析概述

2.1.1　风险分析定义与表示方法

　　风险分析最初起源于美国的军事工业领域。在水利工程方面，20世纪50—60年代，西方发达国家如美国、加拿大、澳大利亚等，开始将风险的概念引入大坝安全评价领域[105]。1974年，美国原子能委员会发表了商用核电站风险评价报告[106]，引起世界各国的普遍重视，推动了风险分析技术在各个领域的研究与应用。我国对风险分析的研究较晚，特别是在水利工程风险分析方面，始于80年代末90年代初，到目前为止也取得了一定成果。

　　风险是指系统在规定的工作条件下，在规定的时间内发生失事的概率及由此产生的后果。其一般包括3方面内容，即事故类型、事故概率以及事故后果。我国的风险研究通常只关注发生什么事故及其发生的可能性大小，而不包括事故后果[107]。然而，任何一个有关风险的完整定义，都应该包括以上3方面。因此，风险可表达为

$$R = P_f \cdot C_f^n \tag{2.1}$$

式中，R为风险，P_f是事件的失效概率，C_f为事件失事后带来的损失，n为指数，在一般的经济分析当中，通常取$n=1$。

2.1.2 风险分析目的、内容及程序

2.1.2.1 风险分析的目的

风险与效益是两个对立面，要获取较大的效益必然需要承担一定的风险。风险分析是指对系统中存在的各种风险进行识别、估计和评价，以此为基础利用恰当的风险管理技术作出相应的处理与决策，从而对系统存在的风险实施有效的控制，包括减小、转移、甚至避免，建立系统安全经济投入与系统失事带来的人员和经济等损失之间的关系，以期用最低的投入获得最高的安全保障。因此，风险分析的目的是对系统进行科学管理，掌握系统的安全性能，以最小的成本实现系统的最大安全保障效能。

2.1.2.2 风险分析的内容

风险分析主要包括5方面内容，即风险的识别、估计、评价、处理和决策。

（1）风险识别 风险识别又被称为风险辨识，是指对系统可能出现的各种失事形式、成因以及后果加以识别。通常来讲，风险识别主要关注如下几个问题，即①失事模式的可能形式；②失事的主要原因；③失事的可能后果。

（2）风险估计 风险估计是指基于风险识别，通过分析已有损失资料，综合运用数理统计及概率论方法对风险发生的可能性及其带来的后果作出定量的估计。

（3）风险评价 风险评价意为根据风险估计得出的失事概率和损失后果，首先把二者结合考虑，用期望值、风险度或标准差等指标决定其大小。然后，根据国家或行业认定的指标去衡量风险的大小和程度，从而判断风险是否需要处理以及处理的程度。

（4）风险处理 风险处理通过风险评价结果选择风险管理技术从

而实现风险分析目标。风险管理技术主要包括控制型和财务型两种情况。控制型技术旨在避免、减少甚至是消除意外事故发生的机会。

（5）风险决策 风险决策是风险分析中极为重要的一个环节。基于前期工作提出若干可行处理方案后，需由决策者决定采用哪一种风险处理方案。从宏观角度而言，该决策是对整个风险分析活动的计划与安排，从微观角度讲，其体现了科学决策理论在风险处理中发挥的重要影响和作用。

2.1.2.3 风险分析的程序

风险分析是上述 5 个环节周而复始的过程，其一般过程如图 2.1 所示[108]。

图 2.1 风险分析的一般程序

Fig. 2.1 Typical procedure of risk analysis

2.2 风险评估

如果把系统失效概念和动力学意义上的荷载和抗力联系起来[109]，则工程系统失效可以定义为系统负荷 L 大于系统抗力 R。工程系统的功能函数可以用以下几种形式描述。

（1）安全边际

$$Z = L - R$$

(2) 安全因子

$$Z = R \ / \ L$$

(3) 对数安全因子

$$Z = \ln \ (R \ / \ L)$$

在实际应用中,可根据功能函数的分布类型来选取适当的形式。如果功能函数为正态分布,可以选用安全边际及安全因子形式进行风险分析。Yen 总结了多种功能函数表达形式,并探讨了其在水利工程系统中的应用[110]。水利工程可靠度可用概率事件表述为

$$\alpha = P[R \geq L] \tag{2.2}$$

因此,与可靠度相对的风险 α' 可表述为

$$\alpha' = P[L > R] = P[Z < 0] = 1 - \alpha \tag{2.3}$$

2.3 不确定性概述

不确定性与风险是互相伴随的。不确定性是风险存在的原因,工程系统运行过程中正是由于多种因素不确定性的存在而使系统存在运行风险。不确定性是指事件出现或发生的结果是不确定的,或在事件出现或发生之前不能预测其结果,需要用不确定性理论和方法进行分析和推断。不确定性产生的原因包括:影响方案经济效果的因素不断发展变化;缺乏足够信息或对客观事物的认识具有局限性,导致预测结果产生偏差。

从学科分类角度讲,不确定性可分为随机、模糊和灰色等几种情况[111]。随机不确定性体现了"因"的不充分与"果"的不确定之间的因果关系,故称为随机性;模糊不确定性表现了对事物本身描述存在模糊、难以确定这一事实情况;灰色不确定性则是由事物知识的不完善性引起的,受限于知识的不完善,人们无法掌握事物的全部内容,由此产生的不确定性称为灰色性。

在工程结构分析中不确定性还有多种分类方法,主要包括:①人为因素、模型因素和参数因素[112];②客观不确定性和主观不

确定性[113]；③水文、水力、土工、地震因素的不确定性等。

2.4 不确定性分析方法

目前，水利工程中常采用的不确定性分析方法主要包括：均值一次二阶矩法、改进一次二阶矩法、JC 法、Rosenblueth 点估计法、Harr 点估计法、蒙特卡罗法、拉丁超立方抽样及重要抽样法等。

2.4.1 均值一次二阶矩法（MFOSM）

均值一次二阶矩法（Mean First Order Second Moment，MFOSM）是结构可靠性理论研究初期提出的分析方法。该方法假设随机变量的不确定性可以用其两阶矩表示。

设 X_1，X_2，$\cdots$，X_k 是结构中的 k 个相互独立的随机变量，其功能函数 Z 可表达为

$$Z = g_X(X_1, X_2, \cdots, X_n) \tag{2.4}$$

其在 k 个随机变量平均值处的泰勒展开式为

$$Z = g(\bar{x}) + \sum_{i=1}^{k} (X_i - \bar{x_i}) \frac{\partial g}{\partial X_i}\big|_{X=\bar{x}}$$
$$+ \sum_{i=1}^{k}\sum_{j=1}^{k} (X_i - \bar{x_i})(X_j - \bar{x_j}) \frac{\partial^2 g}{\partial X_i \partial X_j}\big|_{X=\bar{x}} + H.O.T \tag{2.5}$$

式中，$\bar{x} = (\bar{x_1}, \bar{x_2}, \cdots, \bar{x_k})$ 为 k 个随机变量的平均值；$H.O.T$ 为高阶项；一阶偏导项是表示模型输出量 Z 关于相应变量在 $\bar{x}$ 处单位变化时变化率的敏感系数。在实际应用中，高阶矩和交叉矩一般难以获得，因此，常采用一阶矩来近似表示功能函数 Z[114]。

$$Z = g(\bar{x}) + \sum_{i=1}^{k} (X_i - \bar{x_i}) \frac{\partial g}{\partial X_i}\big|_{X=\bar{x}} \tag{2.6}$$

根据式（2.6），由一阶矩近似表达的功能函数 Z 的平均值及方差分别为

$$E(Z) \approx \bar{Z} = g(\bar{x}) \qquad (2.7)$$

$$Var\ (Z)\ \approx \sum_{i=1}^{k}\sum_{j=1}^{k}\left(\frac{\partial g}{\partial X_i}\right)_{\bar{x}}\left(\frac{\partial g}{\partial X_j}\right)_{\bar{x}} COV\ (X_i,\ X_j) \qquad (2.8)$$

式中，$COV(X_i,\ X_j)$ 为随机变量 X_i 和 X_j 的协方差。

均值一次二阶矩法的最大优点是计算简便，不需进行过多的数值计算，但在随机变量分布概型选取、非线性功能函数展开、可靠度指标等方面存在明显缺陷，在实际工程中应用有限。

2.4.2　改进一次二阶矩法（AFOSM）

Hasofer 和 Lind [115] 于 1974 年提出了改进一次二阶矩法（Advanced First Order and Second Moment，AFOSM）。Hasofer 和 Lind 认为，在参数空间失败概率对于所采用的功能函数的形式是固定不变的。定义安全和非安全的边界为极限状态，则在非安全区域对随机变量的概率密度函数进行直接积分可以得到失败概率。其进一步指出，类似于均值一次二阶矩法，如果极限状态是线性的，那么失败概率可以从可靠性指标中获得[116]。此外，可靠性指标可以采用从参数均值到极限状态的距离来表示。

相比于均值一次二阶矩法，改进一次二阶矩法对非线性功能函数的线性化点进行了优化并据此计算可靠指标，可使该指标 β 的精度显著提高，同时由于其又能考虑基本随机变量的实际分布，因此，改进一次二阶矩法从根本上解决了均值一次二阶矩法中存在的问题。

对于任意一组随机变量 X_i（$i = 1,\ 2,\ \cdots,\ n$），相应的设计验算点为 X_i^*（$i = 1,\ 2,\ \cdots,\ n$），根据式（2.6）可得在验算点处的线性化极限状态方程为

$$Z = g\ (X_1^*,\ X_2^*,\ \cdots,\ X_n^*) + \sum_{i=1}^{n}\ (X_i - X_i^*)\ \left(\frac{\partial g}{\partial X_i}\right)_{X^*} = 0 \quad (2.9)$$

Z 的均值为

$$m_Z = g\ (X_1^*,\ X_2^*,\ \cdots,\ X_n^*)\ + \sum_{i=1}^{n}\ (m_{X_i} - X_i^*)\left(\frac{\partial g}{\partial X_i}\right)_{X^*} \tag{2.10}$$

由于设计验算点在失效边界上，因此有

$$g(X_1^*,\ X_2^*,\ \cdots,\ X_n^*) = 0 \tag{2.11}$$

将式（2.11）代入式（2.10），有

$$m_Z = \sum_{i=1}^{n}\ (m_{X_i} - X_i^*)\left(\frac{\partial g}{\partial X_i}\right)_{X^*} \tag{2.12}$$

Z 的标准差为

$$\sigma_Z = \sqrt{\sum_{i=1}^{n}\left(\sigma_{X_i}\frac{\partial g}{\partial X_i}\right)_{X^*}^2} \tag{2.13}$$

由于设计验算点 X^* 事前不能确定，所以无法直接应用式（2.12）和式（2.13）来计算 Z 的均值及标准差。对此，目前一般采用迭代法来解决此问题。采用迭代法求解时首先需将式（2.13）进行线性化，得

$$\sigma_Z = \sum_{i=1}^{n}\alpha_i \sigma_{X_i}\left(\frac{\partial g}{\partial X_i}\right)_{X^*} \tag{2.14}$$

式中，α_i 称为灵敏系数，它可以反映变量 X_i 对综合变量 Z 的标准差的影响，其计算公式如下

$$\alpha_i = \frac{\sigma_{X_i}\left(\dfrac{\partial g}{\partial X_i}\right)_{X^*}}{\sqrt{\sum_{j=1}^{n}\left(\sigma_{X_j}\dfrac{\partial g}{\partial X_j}\right)_{X^*}^2}} \tag{2.15}$$

根据可靠性指标的定义有

$$\beta = \frac{m_Z}{\sigma_Z} = \frac{\sum_{i=1}^{n}\ (m_{X_i} - X_i^*)\left(\dfrac{\partial g}{\partial X_i}\right)_{X^*}}{\sum_{i=1}^{n}\left[\alpha_i \sigma_{X_i}\left(\dfrac{\partial g}{\partial X_i}\right)_{X^*}\right]} \tag{2.16}$$

对式（2.16）进行整理，可得设计验算点的计算公式为

$$X_i = m_{X_i} - \beta \alpha_i \sigma_{X_i} \qquad i = 1, 2, \cdots, n \qquad (2.17)$$

当 m_{X_i}、σ_{X_i}（$i = 1, 2, \cdots, n$）已知时，求解可靠指标 β 和设计验算点 X_i^*（$i = 1, 2, \cdots, n$）需要（$n+1$）个方程。一般可以联合式（2.17）和式（2.11），并采用迭代法进行求解。

2.4.3　JC 法

JC 法是由拉克维茨和菲斯莱等提出，它适用于随机变量为任意分布下结构可靠指标的求解，已经为国际安全度联合委员会（Joint Committee on Structural Safety，JCSS）所采用，故称为 JC 法。

JC 法的基本原理是[117]将随机变量 x_i 原来的非正态分布用等效的正态分布代替。在将非正态分布转换为正态分布的过程中其需满足一定条件，即对于代替的正态分布函数要求在临界失事点处 x_i^* 的累积概率分布函数（Cumulative Distribution Function，CDF）值和概率密度函数值（Probability Density Function，PDF）与原来的分布函数的 CDF 值和 PDF 值相同。用公式可表示为

$$F_{x_i}(x_i^*) = \Phi\left(\frac{x_i^* - \overline{x'_i}}{\sigma'_{x_i}}\right) \qquad (2.18)$$

$$f_{x_i}(x_i^*) = \frac{1}{\sigma_{x'_i}}\phi\left(\frac{x_i^* - \overline{x'_i}}{\sigma'_{x_i}}\right) \qquad (2.19)$$

求解以上两式有

$$\begin{cases} \sigma'_{x_i} = \dfrac{\phi\left[\Phi^{-1}(F_{x_i})\right]}{f_{x_i}(x_i^*)} \\ \overline{x'_i} = x_i^* - \sigma'_{x_i}\Phi^{-1}\left[F_{x_i}(x_i^*)\right] \end{cases} \qquad (2.20)$$

式中，$F_{x_i}(\cdot)$ 和 $f_{x_i}(\cdot)$ 分别代表变量 x_i 原来的累积概率分布函数和概率密度函数，$\Phi(\cdot)$ 和 $\phi(\cdot)$ 分别代表标准正态分布下的累积概率分布函数和概率密度函数。$\bar{x}_i$ 和 σ_{x_i} 分别为非正态变量的均值和准

差，而 $\overline{x'_i}$ 和 σ'_{x_i} 则为当量正态化后的变量的均值和标准差。当量正态化后求结构的可靠指标 β 的计算步骤与改进一次二阶矩法相同。

由于 JC 改进了 MFOSM 法和 AFOSM 法的缺点，因此其具有更高的计算精度。

2.4.4　Rosenblueth 点估计法（RPEM）

Rosenblueth 点估计法（Rosenblueth Moment Estimation Method, RPEM）是由 Rosenblueth 于 1975 年提出的一种处理对称和相关变量的矩估计近似方法。1981 年，Rosenblueth 再次对该方法进行了改进，使其也适用于不对称随机变量。一般来讲，对于含有 k 个相关随机变量的模型，其 r 阶矩可以近似表示为

$$E\left(Z^r\right) = \sum p_{\delta_1,\delta_2,\cdots,\delta_k} \times Z^r_{\delta_1,\delta_2,\cdots,\delta_k} \qquad (2.21)$$

其中

$$p_{\delta_1,\delta_2,\cdots,\delta_k} = \prod_{i=1}^{k} p_{i,\delta_i} + \sum_{i=1}^{k-1}\left(\sum_{j=i+1}^{k} \delta_i\delta_j a_{ij}\right) \qquad (2.22)$$

$$a_{ij} = \frac{\dfrac{\rho_{ij}}{2^k}}{\sqrt{\prod_{i=1}^{k}\left[1 + \left(\dfrac{\gamma_i}{2}\right)^2\right]}} \qquad (2.23)$$

式中，下标 δ_i 是一个代表"+"或者"-"的符号，分别表示随机变量 X_i 具有值 $x_{i+} = \mu_x + x'_{i+}\sigma_x$ 或者 $x_{i-} = \mu_x - x'_{i-}\sigma_x$。$\rho_{ij}$ 是随机变量 X_i 和 X_j 的相关系数。如果有 k 个随机变量，则式（2.23）总和的项数为 2^k。因此，如果模型中有大量的随机变量则可能导致非常大的模型评估工作量。

2.4.5　Harr 点估计法（HPEM）

Harr 于 1987 年提出了一种替代概率的点估计方法（Harr

Moment Estimation Method，HPEM），该方法对于含有 k 个变量的功能函数做估计时只需进行 $2k$ 次运算，与 Rosenblueth 点估计法相比，降低了运算工作量。设 $Z=g(X)$ 为含有 k 个点的多变量功能函数，则根据 Harr 点估计法有

$$X_{i\pm} = \bar{x} \pm \sqrt{k} D_x^{1/2} v_i \qquad i=1,2,\cdots,k \qquad (2.24)$$

其中，$X_{i\pm}$ 是第 i 个特征向量在标准参数空间中与超球面的交点，共计有 $2k$ 个点；v_i 为参数空间的第 i 个特征向量；$\bar{x} = (\bar{x}_1, \bar{x}_2, \cdots, \bar{x}_k)^T$ 是 k 个随机变量均值组成的向量；D_x 是为对角线元素为 k 个随机变量标准差的对角矩阵。

根据式（2.24）可计算出模型的输出值，则随机变量的函数 Z 的 r 阶矩为

$$\bar{Z}_i^r = \frac{Z_{i+}^r + Z_{i-}^r}{2} = \frac{g^r(x_{i+}) + g^r(x_{i-})}{2} \qquad i=1,2,\cdots,k; \quad r=1,2,\cdots$$

$$(2.25)$$

$$E(Z^r) = \frac{\sum_{i=1}^{k} \lambda_i \bar{Z}_i^r}{k} \qquad r=1,2,\cdots \qquad (2.26)$$

式中，λ_i 为特征值。

2.4.6　蒙特卡罗模拟（MCS）

蒙特卡罗模拟（Monte Carlo Simulation，MCS）又称统计模拟法、随机抽样技术。由乌拉姆和诺伊曼在 20 世纪 40 年代为研制核武器而首先提出。在这之前，蒙特卡罗模拟就已经存在。1777 年，法国 Buffon 提出用投针实验的方法求圆周率 π 被认为是蒙特卡罗模拟的起源[118]。从理论上来说，蒙特卡罗方法需要大量的实验。实验次数越多，所得到的结果才越精确。蒙特卡罗模拟通常用于解决随机性问题和确定性问题，其求解的基本步骤详见文献［119］。

蒙特卡罗模拟是一种常用的从某一概率分布中抽取随机样本的

方法，其常用于模拟具有随机变量的复杂问题。Warner 和 Kabalila（1968）采用蒙特卡罗法模拟了某结构可靠度的抗力及荷载分布。

设随机变量 X 具有概率分布函数 $F_X(x)$，如果 $F_X^{-1}(u)$ 是满足条件 $F_X(x) \geqslant u$ 的最小的 x，则 $F_X^{-1}(u)$ 可以定义为 0 和 1 之间的任意数值 u。通过对概率分布函数作逆变换产生连续随机数的算法步骤如下：首先，确定采样大小 n，并从 $U(0, 1)$ 分布中抽取 n 个均匀随机数，记为 u_1，u_2，$u_3 \cdots$；其次，求解 $x_m = F_X^{-1}(u_m)$，其中，$m = 1$，2，$\cdots$，n。

2.4.7　拉丁超立方抽样（LHS）

当样本量较小时，采用蒙特卡罗模拟抽样容易导致所采集的数据比较集中，对于此问题，可以通过提高样本量或者采用拉丁超立方抽样（Latin Hypercube Sampling，LHS）方法来避免。LHS 是由 Iman 和 Conover 于 1980 年提出的一种均匀抽样，它和蒙特卡罗模拟同属于统计采样方法。LHS 方法主要是从已知的变量 X_i 分布之中抽样，每个样本对预先设定的结构功能函数 y 进行评估，从而得到结构功能函数 y 的均值与均方差。LHS 分层输入概率分布并在分层区间内生成均匀的变量随机样本。通过分层将概率分布曲线在概率分布范围内划分为相等的概率区间。

采用 LHS 方法抽取 k 个随机变量的方法如下[120]：

（1）每一个随机变量选定子区间 M 的个数，根据式（2.27）将该区间划分为 M 个等概率的区间

$$F_i(x_{im}) = \int_{x_i}^{x_{im}} f_i(x_i) dx_i = \frac{m}{M} \qquad (2.27)$$

（2）从 $U\left(0, \dfrac{1}{M}\right)$ 中生成 M 个标准的均匀分布随机变量

（3）根据公式 $p_{im} = \dfrac{m-1}{M} + \xi_{im}$ 确定一系列概率值 p_{im}，其中 $i =$

$1, 2, \cdots, k, m=1, 2, \cdots, M$

（4）用某种合适的方法，如 $x_{im} = F_i^{-1}(p_{im})$，生成随机变量

（5）对生成的随机序列里的所有随机变量进行随机排列

（6）估计所需的 $g(X) = g(X_{1m}, X_{2m}, \cdots, X_{km})$ 的统计矩

2.4.8 重要抽样法（IS）

重要抽样法（Importance Sampling，IS）的基本原理是通过改变抽样中心的位置，或者用新的概率分布对随机变量进行抽样来估计失效概率的值，使变异系数减小，增加对最后结果贡献大的抽样出现的概率，使抽取的样本点有更多的机会落在感兴趣的区域，从而达到减小运算时间的目的。

重要抽样法给被积函数 $g(x)$ 乘以 1，如 $g(x)h(x)/h(x)$，从而得到在积分区域上比原始被积函数变异小的期望值。例如，假定 $h(x)$ 是随机变量 X 的密度函数，变量 X 仅从区间 A 内取值，且 $\int_{x \in A} h(x)\mathrm{d}x = 1$。则 $h(x)/h(x) = 1$，$h(x) \neq 0$ 时，对于任意的 $x \in A$ 且 $g(x) \neq 0$，有

$$F_X(x) = \int_{x \in A} g(x)\mathrm{d}x = \int_{x \in A} g(x)\frac{h(x)}{h(x)}\mathrm{d}x = \int_{x \in A} \frac{g(x)}{h(x)}h(x)\mathrm{d}x = E_h\left[\frac{g(x)}{h(x)}\right]$$

(2.28)

式中，E_h 是密度函数 $h(.)$ 的期望。在稀遇事件模拟抽样时，重要抽样算法可以简化为

$$F_X(x) = \int_{x \in A} \frac{g(x)}{h(x)}h(x)\mathrm{d}x$$

(2.29)

其中，$h(x)$ 是所需确定的概率密度函数。

采用重要抽样算法估计样本值的计算步骤为

（1）从 $h(x)$ 中抽取样本 x_k

（2）如果 $x_k \in A$，设 $F_X(x_k) = \dfrac{g(x)}{h(x)}$，否则设 $F_X(x_k) = 0$

（3）求解 $x_k = F_X^{-1}(x_k)$

2.5 系统可靠度分析方法

系统可靠度一般是指在规定的时间内和规定的工况下，系统完成规定功能的能力/概率。可靠度与失事概率为互补关系，因此，可靠度的计算方法可用于失事概率的计算。在复杂的工程系统中，为识别所有可能的工程失效模式及其失效时产生的相应结果，建立一个系统的方案是十分必要的[117]。2.4 节对不确定性分析方法进行了介绍，但这些方法一般只适用于单一因素产生的失效模式，然而，实际工程中的问题通常是由多种因素所引起，对此，需要寻求一种可以组合多种因子不确定性的方法来进行工程系统可靠度的评判。

2.5.1 多失效模式

分析多失效模式的系统可靠度，一般包含两个步骤，首先是计算各失效模式的可靠度，其次是评估整个系统的可靠度。对于含有 n 个潜在失效模式的系统，其相应功能函数可以表示为

$$g_j(X) = g_j(X_1, X_2, \cdots, X_m); \quad j = 1, 2, \cdots, n \quad (2.30)$$

失效事件可以描述为

$$E_j = [g_j(X) < 0]; \quad j = 1, 2, \cdots, n \quad (2.31)$$

则与失效事件相反的安全事件为

$$\overline{E}_j = [g_j(X) > 0]; \quad j = 1, 2, \cdots, n \quad (2.32)$$

当事件中的 k 个潜在失效模式均未发生时，根据 Boolean 表达式，安全事件 $\overline{E}$ 可以表述为

$$\overline{E} = \overline{E}_1 \cap \overline{E}_2 \cap \cdots \cap \overline{E}_k \quad (2.33)$$

相反，若 k 个潜在失效模式有一个或者多个发生，则

$$E = E_1 \cup E_2 \cup \cdots \cup E_k \tag{2.34}$$

因此，从理论上讲，系统安全概率 P_S 和系统失效概率 P_F 可分别用公式（2.35）和公式（2.36）表示

$$P_S = \int_{(\overline{E}_1 \cap \cdots \cap \overline{E}_k)} \cdots \int f_{X_1, X_2, \cdots, X_n}(x_1, x_2, \cdots, x_n) \mathrm{d}x_1 \cdots \mathrm{d}x_n \tag{2.35}$$

$$P_F = \int_{(E_1 \cup \cdots \cup E_k)} \cdots \int f_{X_1, X_2, \cdots, X_n}(x_1, x_2, \cdots, x_n) \mathrm{d}x_1 \cdots \mathrm{d}x_n \tag{2.36}$$

由于公式（2.35）和公式（2.36）表示的系统安全概率及失效概率求解困难，一般常采用计算其上、下边界的方法[117,120]求解出其近似值，并以此作为式（2.35）和公式（2.36）的替代解。

Ang 和 Amin[121]给出了当失效模式为正相关时的单模态边界安全概率 P_S

$$\prod_{i=1}^{k} P_{S_i} \leqslant P_S \leqslant \min_i P_{S_i} \tag{2.37}$$

相反，系统失效概率 P_F 的边界为

$$\max_i P_{F_i} \leqslant P_F \leqslant 1 - \prod_{i=1}^{k} (1 - P_{F_i}) \tag{2.38}$$

式中，P_{F_i} 是第 i 个模式的失效概率；当 P_{F_i} 较小时，根据文献 [117]，公式（2.38）可简化为

$$\max_i P_{F_i} \leqslant P_F \leqslant \sum_{i=1}^{k} P_{F_i} \tag{2.39}$$

对于负相关较好的失效模式，安全概率的边界为

$$P_S \leqslant \prod_{i=1}^{k} P_{S_i} \tag{2.40}$$

相反，系统失效概率 P_F 边界为

$$\tag{2.41}$$

$$P_F \geqslant 1 - \prod_{i=1}^{k} P_{S_i} \tag{2.42}$$

2.5.2　故障树分析（FTA）

故障树分析（Fault Tree Analysis，FTA）由 Watson 和美国贝尔电报公司的电话实验室于 1961 年首次提出，旨在评估复杂导弹发射系统的可靠性。20 世纪 60 年代，该方法得到了波音公司的进一步开发。至 70 年代，FTA 在核电厂、化工加工厂以及电气系统等领域都得到了应用[122-123]。Cheng 等[124] 利用 FTA 评估了由洪水和风事件引起的漫坝失效概率。随着 FTA 在系统可靠性领域的广泛应用，其为致力于重要事件的研究（如异常关键的安全问题）提供了可能，同时在评估事件发生及可能带来的后果方面也发挥了重要作用。

故障树分析法是一种图形演绎方法，是故障事件列在一定条件下的逻辑方法。其采用自上而下的方法评估所有促成顶端事件的事件。FTA 分析思路为：①分析能造成顶端事件出现的直接因素；②针对这些直接因素，寻找导致他们每一个发生的下一级因素，并逐级一直深入下去，直到追溯到系统的最基本事件，也可以称为基础事件，或初级事件。通常，初级事件的发生或失效概率容易获得或评估，则根据每一步事件的关系最终可以对顶端事件的概率进行系统性的评估。

将上述各种级别的事件和诱因通过逻辑关系联系起来，就形成了一个树状逻辑图，称为故障树图。故障树图是描绘导致顶层事件发生的各种故障并行和顺序组合的图形模型。

图 2.2 为故障树示意图。图中的符号表示 FTA 中事件、子事件或初级事件的具体类型。矩形（如 E，E_1，E_2）代表可以用子事件以逻辑与和逻辑或关系表示的失效事件；圆圈（如 E_4，E_6）代表初级事件；菱形（如 E_5）代表次要失效事件，其不会进一步发展，次要性失效事件通常由额外的环境、操作压力或人为因素所造成；切换事件（如 E_3）代表将会改变系统运行条件的事件。

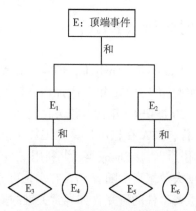

图 2.2　故障树示意图

Fig. 2.2　Fault tree diagram

2.5.3　事件树分析 (ETA)

　　事件树分析 (Event Tree Analysis, ETA) 方法最早源于核电站事故识别，20 世纪 70 年代逐渐在工程领域流行起来[125]，目前，事件树已逐渐应用到更多的领域，如贝叶斯网络和人工智能分析。

　　事件树分析方法[126]是一种按事件顺序进行分析的方法，其应用逻辑演绎法和图表法，对给定的初因时间，分析可能导致的各种时间序列的发生概率，从而评价事件的风险。由于一个事件有发生及未发生两种可能，因此，两重逻辑关系是事件树分析的基础。当事件数量较多时，其相应事件树的分支也会愈多。事件树的目的是分析由失效事件或者不希望发生的事件带来的后果。事件树分析是从初始事件开始，逐渐延伸出一系列的分支，直至分析到分支的最终结果。在事件树分析过程中，可以通过相乘分支可能产生的各种结果的概率来得到每个分支的可能概率。

　　文献 [127] 将事件树应用到了大坝安全风险分析中，如图 2.3 所示。该事件树起始事件为极值降雨，并最终分为 C_1 到 C_8 共 8

种可能结果。对于特定的结果，如 C_1，其与起始事件及与起始事件相连接的事件相关，其发生的分支概率为 P_1、P_2、P_3、P_4。进一步讲，对于一个给定的结果，其相应途径应该是必须发生的，而对于一个起始事件而言，可能有多个第一相随事件。显而易见，这些相随事件是相互排斥的关系[117]。

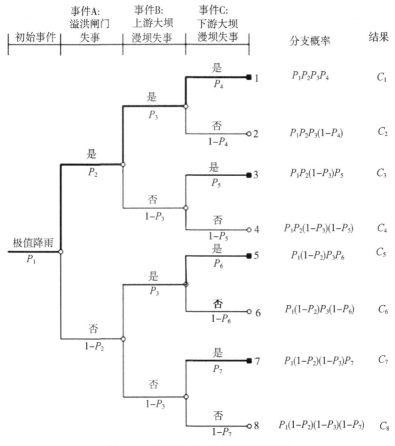

图 2.3　基于事件树的大坝风险分析

Fig. 2. 3　The dam risk analysis based on ETA

2.6 小结

本部分首先对风险分析的定义、表示方法、目的、内容等进行了概要介绍，给出了系统功能函数的几种表达方式。其次，对与风险分析密切相关的不确定性分析进行了介绍，总结了常用的 8 种不确定性分析方法。考虑到在工程系统中，风险问题通常是由多因素引起的，需要将不确定性分析得到的单因素失效计算结果合理地组合在一起。因此，本部分同时对常用的几种系统可靠度分析方法进行了介绍。

3

漫坝风险分析

根据国际大坝委员会统计，漫坝导致的大坝失事约占全部大坝失事的 35%，渗流、管涌等则占剩余的 65%。对于导致大坝失事主要风险的漫坝事件，目前国内外已有诸多学者进行了研究[90,128-129]。开展漫坝风险分析必然要对导致洪水的极值降雨、径流等的概率分布进行分析。在洪水频率分析中存在着两种误差：第一种是由假设样本总体服从某一种特定分布导致的；第二种是因所采用的实测资料较短而导致的。这两种误差的存在将使得频率分析计算所得的设计洪水值具有不确定性，进而必然对漫坝风险分析计算结果产生影响。然而，早期有关漫坝风险分析的研究鲜有考虑频率分析误差所导致的设计值不确定性（后文简称频率分析不确定性）。本部分在第 2 部分不确定性计算方法介绍的基础上，提出了一种改进的蒙特卡罗方法，并采用该方法对考虑频率分析不确定性的漫坝风险进行了分析。

3.1 基本定义

顾名思义，漫坝是指坝前水位超过坝顶，以致水流漫过坝顶溢流而下。设 Z_c 是坝顶高程，$Z(t)$ 代表坝前水位，则漫坝失事条件为 $Z(t) \geqslant Z_c$，不等式中，Z_c 和 $Z(t)$ 单位相同，且具有相同的基准面。导致水库漫坝失事的原因有多种，如超标洪水、风浪及地震造成的水面壅高和波浪爬高、泥沙淤积造成的库容量降低、泄水闸门失效等。

结合之前所述的风险定义可知，漫坝风险是指在一定的洪水重现期和泄洪建筑物设计规模的条件下，在各种可能的水库自然、工程和调度运行条件下，发生漫坝失事的概率，可用公式表达为

$$P_f = P(Z(t) \geqslant Z_c) \qquad 0 \leqslant t \leqslant T \qquad (3.1)$$

假设某坝的漫坝风险 $P_f = 1.0 \times 10^{-6}$，则其漫坝的安全可靠度为 $S = 1 - P_f = 99.9999\%$。

3.2　漫坝风险评估步骤

漫坝风险的评估过程主要包括以下几个步骤：

（1）主要风险因子的识别　根据故障树分析法可得导致漫坝事件的风险因子，如图 3.1 所示。

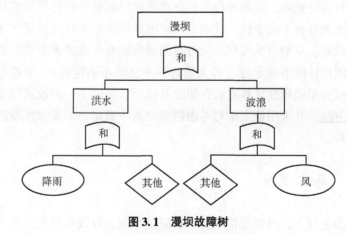

图 3.1　漫坝故障树

Fig. 3.1　Fault tree of overtopping

对于已建水库大坝，降雨导致的洪水无疑是引起漫坝事件发生的主要风险因子。除此之外，吹向坝体的强风、滑入库区的雪崩、

地震引发的坍塌等都会造成坝前水位的增高，从而可能引起漫坝事件的发生。然而，由于雪崩、地震引起的坍塌计算复杂，需考虑的因素较多，如考虑由地震引起的坍塌时，需选择合适的地震波、对人工地震波进行拟合、研究不同地震烈度与坍塌量大小关系等。对此，虽对人工地震波的拟合方法进行了研究，提出了采用人工智能优化算法的人工地震波反应谱拟合技术，但受时间、篇幅所限，同时考虑到雪崩、地震等事件发生的可能性相对较小，其单独发生而引起的漫坝可能性也很小，与洪水同时发生造成漫坝的可能性更是属于小概率事件[130]，因此，本文主要考虑由降雨导致的洪水及风引起的漫坝风险，而对雪崩、地震等风险因子暂时不再做详细研究。

（2）数据收集及分析　对于识别出的风险因子，首先应收集相关数据，如年最大洪峰流量资料、年最大降水量资料、年最大风速及风向资料等。首先对所收集到的水文数据资料进行整理，然后分析其分布特征，对其做频率分析，从而得到设计频率值。

（3）相关变量的不确定性分析　首先分析不确定性因子的分布特性，之后采用某种抽样方法生成多组不确定性随机变量。由于目前的漫坝风险研究的不确定性分析都是围绕着洪水不确定性、风不确定性、库容及泄流不确定性展开的，鲜有研究关注频率分析误差带来的不确定性，因此本文重点讨论频率分析不确定性对漫坝风险计算结果的影响。

（4）调洪演算、水面壅高及波浪爬高计算　由第（2）步的设计频率值推算设计洪水过程，结合水库调度规则进行调洪演算分析，计算出洪水造成的坝前水位高度。同时，采用某种方法计算出风浪造成的水面壅高和波浪爬高值。调洪演算及风造成的水面壅高和波浪爬高值的计算方法详见后文。

（5）定义主要风险因子引起的漫坝事件功能函数及风险准则统计功能函数小于零的发生次数 n。

本研究计算漫坝风险时，将漫坝发生的条件定义为

$$H_0 + H_f + H_w > H_c \qquad (3.2)$$

式中，H_0 和 H_c 分别为初始库水位和坝顶高程；H_f 为洪水事件引起的库水位增高值；H_w 为风引起的库水位增高值，并且风引起的库水位增高值包括水面壅高 h_s 和波浪爬高 h_r 两部分，即 $H_w = h_s + h_r$。图 3.2 为由洪水和风浪引起的漫坝风险示意图。

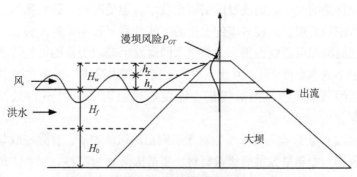

图 3.2　漫坝风险示意

Fig. 3.2　Schematic diagram of overtopping risk

根据第 2 部分的系统功能函数及风险表述方法可知，由 H_0、H_f 和 H_w 3 个变量导致的漫坝功能函数和风险可分别表示为

$$Z = H_c - H_0 - H_f - H_w \qquad (3.3)$$

$$P_{OT} = \iiint\limits_{H_c H_c H_c}^{\infty\,\infty\,\infty} f(H_0,\ H_f,\ H_w) \cdot \mathrm{d}H_0 \cdot \mathrm{d}H_f \cdot \mathrm{d}H_w \qquad (3.4)$$

式中，$f(\ )$ 为 3 个变量的联合概率密度函数。若假设 H_0、H_f 和 H_w 为相互独立的随机变量，则式（3.4）可写为

$$P_{OT} = \iiint\limits_{H_c H_c H_c}^{\infty\,\infty\,\infty} f(H_0) \cdot f(H_f) \cdot f(H_w) \cdot \mathrm{d}H_0 \cdot \mathrm{d}H_f \cdot \mathrm{d}H_w \qquad (3.5)$$

漫坝风险评估的流程如图 3.3 所示。

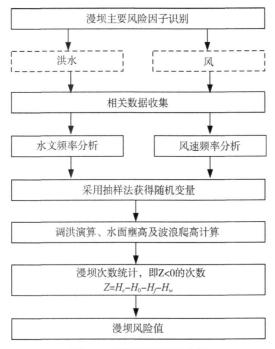

图 3.3 漫坝风险评估流程

Fig. 3. 3 Flow chart of overtopping risk assessment

3.3 洪水引起的漫坝

分析洪水引起的漫坝，首先，需对所收集的水文资料进行分析，推求出设计洪水过程；其次，对推求出的洪水过程进行调洪演算，计算出洪水引起的坝前水位；最后，根据洪水引起的坝前水位计算洪水引起的漫坝风险。

3.3.1 设计洪水过程计算

洪水频率分析是设计洪水过程线推求的基础，也是漫坝风险分析的重要内容之一。对于水文频率分析方法，本文将在后续章节中进行研究介绍。需要指出的是，在做水文频率分析时，一般都认为收集的相关样本资料是随机且相互独立的。此外，本文假设洪水不受自然或人类活动的影响。

设计洪水过程线的推求一般有两种途径：一是由洪峰流量资料推求设计洪水过程线；二是由暴雨资料推求设计洪水过程线。

如果已有年最大洪峰流量资料，采用后续章节介绍的方法对其进行频率分析，并结合典型洪水过程即可得到设计洪峰流量过程线。利用流量资料推求设计洪水过程简单且快捷，然而，在实际工作中，一些流域特别是中小流域常因流量资料不足而无法直接用流量资料推求设计洪水，此时则需考虑采用比较容易获得的暴雨资料推求设计洪水。由暴雨资料推求设计洪水过程线与由洪峰流量资料推求设计洪水过程线相比，其过程较为复杂，主要步骤为：首先，对收集到的暴雨资料进行频率分析，得到设计暴雨；其次，选取典型暴雨过程，对其进行缩放，得到设计暴雨过程；再次，利用产流方案，由求得的设计暴雨过程推求设计净雨过程；最后，利用流域

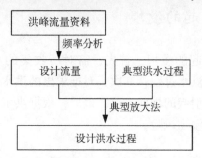

图 3.4　流量资料推求设计洪水过程流程

Fig. 3.4　Flowchart of design flood flow calculated by discharge data

汇流方案，由设计净雨过程计算设计洪水过程。采用两种途径推求
设计洪水过程的具体流程分别如图 3.4 和图 3.5 所示。

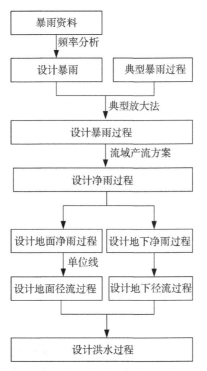

图 3.5 暴雨资料推求设计洪水过程流程

Fig. 3.5 Flowchart of design flood flow calculated by storm data

3.3.2 调洪演算

水库调洪演算是根据泄洪建筑物的泄流能力曲线、入库洪水过
程以及水位库容关系等，按照一定的防洪调度规则，计算出下泄流
量和库水位的变化过程线，图 3.6 为水库调洪过程示意图。水库建
成后，其调洪演算的目的是寻求合理的、较优的水库汛期控制运行

方式。

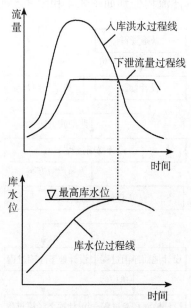

图 3.6 水库调洪过程示意

Fig. 3.6 Conceptual diagram of flood regulating process

通过水库调洪演算可以计算出由洪水导致的坝前最高水位，为漫坝风险分析奠定基础。水量平衡原理是水库调洪演算的依据。因此，坝前水位由洪水入流量 Q、泄流量 q 及库容 V 共同决定，其相应表达式为

$$Q - q = \frac{\mathrm{d}V}{\mathrm{d}t} \qquad (3.6)$$

式（3.6）对应的离散形式为

$$\frac{Q_t + Q_{t+1}}{2} - \frac{q_t + q_{t+1}}{2} = \frac{V_{t+1} - V_t}{h} \qquad (3.7)$$

式中，Q_t、q_t、V_t 分别为 t 时刻的入流量、泄洪量及库容量，相应的 Q_{t+1}、q_{t+1}、V_{t+1} 分别为 $t+1$ 时刻的入流量、泄洪量及库容量，h

为调洪演算时段。图 3.7 为水库水量平衡示意图。

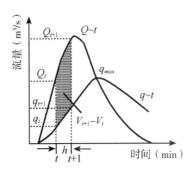

图 3.7 水库水量平衡示意

Fig. 3.7 Conceptual diagram of water balance in reservoir

通过分析可知，公式（3.7）中含有两个未知数 O_{t+1} 和 V_{t+1}，因此还需联合水库蓄泄方程来求解。早期常用的求解水量平衡方程和蓄泄方程的方法是列表试算法，然而，因该方法为隐式求解方法，并且在每一时段常须反复计算同一函数，对于调洪演算时段风险分析很不方便。为此，目前较为常见且可行的方式是先对水量平衡方程进行一定变换，然后采用差分方法对方程进行求解。

令 $\dfrac{dV}{dt} = G(z)$，并加入初始条件，则式（3.6）可写为

$$\begin{cases} f(z, \ t) = \dfrac{dz}{dt} = \dfrac{Q - q}{G(z)} \\ z(t_0) = Z_0 \end{cases} \tag{3.8}$$

式中，$z(t)$ 为调洪过程任一时刻的库水位，Z_0 为初始库水位。

对于式（3.8），可通过差分格式将其离散成线性方程进行求解。本研究采用具有较高精度的四阶龙格—库塔法进行计算。

$$z(t_{i+1}) = z(t_i) + \dfrac{h[M_1 + 2(M_2 + M_3) + M_4]}{6} \tag{3.9}$$

其中

$$M_1 = \frac{Q(t_i) - q[z(t_i),\ c]}{G[z(t_i)]}$$

$$M_2 = \frac{Q(t_{i+1/2}) - q[z(t_i) + 0.5hM_1,\ c]}{G[z(t_i) + 0.5hM_1]}$$

$$M_3 = \frac{Q(t_{i+1/2}) - q[z(t_i) + 0.5hM_2,\ c]}{G[z(t_i) + 0.5hM_2]}$$

$$M_4 = \frac{Q(t_{i+1}) - q[z(t_i) + hM_3,\ c]}{G[z(t_i) + hM_3]}$$

式中，$z(t_i)$ 表示第 i 时刻的库水位；$Q(t_i)$ 表示第 i 时刻的入库流量；$q[z(t_i),\ c]$ 表示第 i 时刻的出库流量；$G[z(t_i)]$ 表示第 i 时刻的库面面积。

$z(t_{i+1})$ 的方差为

$$D[z(t_{i+1})] = D[z(t_i)] + (h^2/36)\{D(M_1) +$$
$$4[D(M_2) + D(M_3)] + D(M_4)\} \tag{3.10}$$

其中

$$D(M_1) = \left[\frac{Q(t_i) - q[z(t_i),c]}{G^2[z(t_i)]}\right]^2 G_1^2[z(t_i)]\{D[z(t_i)]\}$$
$$+ \left[\frac{Q(t_i) - q[z(t_i),c]}{G^2[z(t_i)]}\right]^2 D\{G[z(t_i)]\} + \frac{D\{q[z(t_i),c]\}}{G^2[z(t_i)]}$$

$$D(M_2) = \left\{\frac{Q(t_{i+1/2}) - q[z(t_i) + 0.5hM_1,c]}{G^2[z(t_i) + 0.5hM_1]}\right\}^2 G^2[z(t_i) + 0.5hM_1]$$
$$\{D[z(t_i)] + 0.25h^2 D(M_1)\} + \left\{\frac{Q(t_{i+1/2}) - q[z(t_i) + 0.5hM_1,c]}{G^2[z(t_i) + 0.5hM_1]}\right\}^2$$
$$D\{G^2[z(t_i) + 0.5hM_1]\} + \frac{D\{q[z(t_i) + 0.5hM_1,c]\}}{G^2[z(t_i) + 0.5hM_1]}$$

$$D(M_3) = \left\{\frac{Q(t_{i+1/2}) - q[z(t_i) + 0.5hM_2,c]}{G^2[z(t_i) + 0.5hM_2]}\right\}^2 G^2[z(t_i) + 0.5hM_2]$$
$$\{D[z(t_i)] + 0.25h^2 D(M_2)\} + \left\{\frac{Q(t_{i+1/2}) - q[z(t_i) + 0.5hM_2,c]}{G^2[z(t_i) + 0.5hM_2]}\right\}^2$$

$$D\{G^2[z(t_i)+0.5hM_2]\}+\frac{D\{q[z(t_i)+0.5hM_2,c]\}}{G^2[z(t_i)+0.5hM_2]}$$

$$D(M_4)=\left\{\frac{Q(t_{i+1})-q[z(t_i)+hM_3,c]}{G^2[z(t_i)+hM_3]}\right\}^2 G^2[z(t_i)+hM_3]$$

$$\{D[z(t_i)]+h^2D(M_3)\}+\left\{\frac{Q(t_{i+1})-q[z(t_i)+hM_3,c]}{G^2[z(t_i)+hM_3]}\right\}^2$$

$$D\{G^2[z(t_i)+hM_3]\}+\frac{D\{q[z(t_i)+0.5hM_3,c]\}}{G^2[z(t_i)+0.5hM_3]}$$

式中，$G_1(z)=dG(z)/dz$ 为溢洪道下泄流量表达式，该表达式随着泄水建筑物类型的不同而不同。t 时刻的出库流量 $q[z(t),c]$ 可表示为

$$q[z(t),c]=c\sqrt{2g}B[z(t)-z_1]^{\frac{3}{2}} \qquad (3.11)$$

其中，z_1 为堰顶高程；c 为堰的流量系数；B 为堰上闸门总宽度，$B=n\times b$，n 为孔数，b 为单孔闸宽。对于有正常和非正常溢洪道的水库，当溢洪道为堰时

$$q[z(t),c]=c_1\sqrt{2g}B_1[z(t)-z_1]^{\frac{3}{2}}+c_2\sqrt{2g}B_2[z(t)-z_2]^{\frac{3}{2}}$$
$$(3.12)$$

式中，$B_1=n_1\times b_1$，$B_2=n_2\times b_2$。c_1、B_1、z_1、n_1、b_1 分别为正常泄洪道的流量系数、堰上闸门总宽度、堰顶高程、孔数及单孔闸宽；c_2、B_2、z_2、n_2、b_2 分别为非正常泄洪道的流量系数、堰上闸门总宽度、堰顶高程、孔数及单孔闸宽。本文选用的泄水建筑物为堰，故不考虑其孔口情况，则有

$$D\{q[z(t_i),c]\}=\{\sqrt{2g}B[z(t_i)-z_1]^{\frac{3}{2}}\}^2D\{c[z(t_i)]\}$$
$$+\{1.5cB\sqrt{2g}[z(t_i)-z_1]^2D[z(t_i)]\}$$

$$D\{q[z(t_i)+0.5hM_1,c]\}=\{\sqrt{2g}B[z(t_i)+0.5hM_1-z_1]^{\frac{3}{2}}\}^2$$
$$D\{c[z(t_i)+0.5hM_1]\}+\{1.5cB\sqrt{2g[z(t_i)+0.5hM_1-z_1]}\}^2$$
$$\{D[z(t_i)]+0.25h^2D(M_1)\}$$

$$D\{q[z(t_i) + 0.5hM_2, c]\} = \{\sqrt{2g}B[z(t_i) + 0.5hM_2 - z_1]^{\frac{3}{2}}\}^2$$

$$D\{c[z(t_i) + 0.5hM_2]\} + \{1.5cB\sqrt{2g[z(t_i) + 0.5hM_2 - z_1]}\}^2$$

$$\{D[z(t_i)] + 0.25h^2 D(M_2)\}$$

$$D\{q[z(t_i) + hM_3, c]\} = \{\sqrt{2g}B[z(t_i) + hM_3 - z_1]^{\frac{3}{2}}\}^2$$

$$D\{c[z(t_i) + hM_3]\} + \{1.5cB\sqrt{2g[z(t_i) + hM_3 - z_1]}\}^2$$

$$\{D[z(t_i)] + h^2 D(M_3)\}$$

函数 $z(t_i)$、$q[z(t_i), c]$、$G[z(t_i)]$、$G_1[z(t_i)]$ 均在其均值点取值。

利用公式（3.9）和公式（3.10）可以计算出特定洪水 $Q(t)$ 发生条件下引起坝前最高水位 $Z_{\max}$ 的均值和方差。

3.3.3　漫坝功能函数及风险模型

系统的功能函数如 2.2 节中所示，分为：安全边际，$Z = L - R$；安全因子，$Z = R/L$；对数安全因子，$Z = \ln(R/L)$。对于漫坝风险分析而言，一般常采用安全边际方式表示其功能函数。在漫坝风险分析中，荷载 L 代表由各种风险因子引起的坝前最高水位，而抗力 R 则表示坝顶高程。

通过上节介绍的调洪演算，可以得到水库库容量及坝前最高水位 $Z_0 + Z_f$。Z_0、Z_f 分别表示水库初始水位和洪水引起的坝前最高水位。此时忽略由风引起的水面壅高及波浪爬高，而仅考虑洪水作用的漫坝功能函数

$$F = g(Z_c, Z_0, Z_f) = Z_c - (Z_0 + Z_f) \tag{3.13}$$

其相应风险模型为

$$P(OT \mid Z_0, Q) = P[F(Z_0, Q) < 0]$$
$$= P[Z_c - (Z_0 + Z_f) < 0] \tag{3.14}$$

式中，Z_c 为坝顶高程；$P(OT \mid Z_0, Q)$ 为在初始水位为 Z_0 时，由洪峰流量为 Q 的洪水引起的漫坝风险。

3.4 风浪引起的漫坝

风是导致漫坝的另一主要因素，在漫坝风险评价时也应考虑风浪的作用。一般情况下，风浪引起的水位升高不会导致漫坝事件的发生，只有在汛期发生洪水且洪水导致坝前水位上升到一定高度时，风浪的作用才有可能促使漫坝事件的发生。因此，对于水库大坝的漫坝风险而言，只有在汛期，吹向坝体的风才能对漫坝失事起作用。非汛期，即使风浪很大，也不会引起漫坝事件的发生。所以，对漫坝风险分析来说，称汛期吹向坝体的风为漫坝有效风。而对于风资料，一般仅需统计分析水库汛期年最大有效风系列，其他时期和方向的风可不予考虑。

3.4.1 汛期年最大有效风频率分析

特定时段最大风速的概率分布为最大值分布，在我国，一般认为其符合极值 I 型分布[131]。然而，此种分布类型并不能满足所有地区的风速分布。考虑到风作为一种自然现象，具有与洪水相同的随机性，故本文同时采用符合极值 I 型分布的参数法和后续章节提出的新的水文频率分析方法，对汛期年最大有效风频率进行了分析。

3.4.2 水面壅高及波浪爬高计算

由文献 [131] 可知风浪造成的水面壅高可按照如下公式获得

$$e = \frac{KW^2D}{2gH_m}\cos\beta \qquad (3.15)$$

式中，e 为计算点处的水面壅高，m；K 为综合摩阻系数，常取值为 3.6×10^{-6}；W 为计算风速（默认为水面以上 10m 处的风速），

m/s；D 为风区长度，m；g 为重力加速度，取 9.81m/s²；H_m 为水域平均水深，m；β 为计算风向与坝轴线法线的夹角°，从安全角度出发，一般取 $\beta=0$。

由于式（3.15）中的计算风速 W 采用的是水面以上 10m 高度处 10min 的平均风速，而在实际中通常获得的都是距离水面其他高度的风速，此时则需将其进行某种变化，转化为距离水面以上 10m 高度处的风速。根据文献［131］所述，一般采用如下公式对其进行转化

$$W_{10} = K_Z W_Z \qquad (3.16)$$

式中，W_{10} 表示水面上空 10m 高度处 10min 的平均风速，m/s；Z 为距离水面的高度，m；K_Z 为风速修正系数，可按照表 3.1 查得；W_Z 为距水面上空 Z 高度处 10min 的平均风速，m/s。

表 3.1　风速修正系数
Tab. 3.1　Correction factor of wind speed

高度 Z/m	2	5	10	15	20
修正系数 K_Z	1.25	1.10	1.00	0.96	0.9

正向来波在单坡上的平均波浪爬高可根据实际情况按照公式（3.17）、公式（3.18）或者相关规定计算。

（1）当 $m=1.5\sim5$ 时

$$R_m = \frac{K_\Delta K_W}{\sqrt{1+m^2}} \sqrt{h_m L_m} \qquad (3.17)$$

式中，R_m 为平均波浪爬高，m；m 为单坡的坡度系数，若坡角为 α，则等于 $\cot\alpha$；K_Δ 为斜坡的糙率渗透性系数，根据护面类型可由表 3.2 查得；K_W 为经验系数，可根据表 3.3 查得。h_m 为平均波高，m；L_m 为平均波长，m。

表 3.2 糙率及渗透性系数 $K_\triangle$
Tab. 3.2 Roughness and permeability coefficient $K_\triangle$

护面类型	$K_\triangle$
光滑不透水护面（沥青混凝土）	1.00
混凝土或混凝土板	0.90
草皮	0.85~0.90
砌石	0.75~0.80
抛填两层块石（不透水基础）	0.60~0.65
抛填两层块石（透水基础）	0.50~0.55

表 3.3 经验系数 K_W
Tab. 3.3 Empirical coefficients K_W

$\dfrac{W}{\sqrt{gH}}$	≤1	1.5	2	2.5	3	3.5	4	≥5
K_W	1.00	1.02	1.08	1.16	1.22	1.25	1.28	1.30

（2）当 $m \leqslant 1.25$ 时

$$R_m = K_\triangle K_W R_0 h_m \tag{3.18}$$

式中，R_0 为无风情况下，平均波高 $h_m = 1\text{m}$ 时，光滑不透水护面（$K_\triangle = 1$）的爬高值可由表 3.4 查得。

表 3.4 R_0 值
Tab. 3.4 Value of R_0

m	0	0.5	1.0	1.25
R_0/m	1.24	1.45	2.20	2.50

（3）当 $1.25 < m < 1.5$ 时 可由 $m = 1.25$ 和 $m = 1.5$ 的计算值按内插法来确定。

计算波浪爬高时，对于涉及波浪的平均波高，一般常采用莆田试验站公式，按照式（3.19）计算

49

$$\frac{gh_m}{W^2} = 0.13 th\left[0.7\left(\frac{gH_m}{W^2}\right)^{0.7}\right] th\left\{\frac{0.0018\left(\frac{gD}{W^2}\right)^{0.45}}{0.13 th\left[0.7\left(\frac{gH_m}{W^2}\right)^{0.7}\right]}\right\}$$

$$(3.19)$$

式中，h_m 为平均波高，m；W 为计算风速，m/s；D 为风区长度，m；H_m 为水域平均水深，m；g 为重力加速度，取为 9.81m/s²。

平均波长按照式（3.20）计算

$$L_m = \frac{gT_m^2}{2\pi} th\left(\frac{2\pi H}{L_m}\right) \qquad (3.20)$$

对于深水波，即当 $H \geqslant 0.5L_m$ 时，式（3.20）可简化为

$$L_m = \frac{gT_m^2}{2\pi} \qquad (3.21)$$

式中，L_m 为平均波长，m；H 为坝迎水面前水深，m。

对于平原和丘陵地区水库，当 $W < 26.5$m/s、$D < 7\ 500$m 时，可采用鹤地水库公式计算波浪波高及平均波长

$$\frac{gh_{2\%}}{W^2} = 0.00625 W^{\frac{1}{6}} \left(\frac{gD}{W^2}\right)^{\frac{1}{3}} \qquad (3.22)$$

$$\frac{gL_m}{W^2} = 0.0386 \left(\frac{gD}{W^2}\right)^{\frac{1}{2}} \qquad (3.23)$$

式中，$h_{2\%}$ 为累积频率为 2% 的波高，m。

对于内陆峡谷水库，当 $W < 20$m/s、$D < 20\ 000$m 时，可采用官厅水库公式计算波浪波高及平均波长

$$\frac{gh}{W^2} = 0.0076 W^{-\frac{1}{12}} \left(\frac{gD}{W^2}\right)^{\frac{1}{3}} \qquad (3.24)$$

$$\frac{gL_m}{W^2} = 0.331 W^{-\frac{1}{2.15}} \left(\frac{gD}{W^2}\right)^{\frac{1}{3.75}} \qquad (3.25)$$

式中，h 取值方法为：当 $\frac{gD}{W^2} = 20 \sim 250$ 时，h 为累积频率 5% 的波

高 $h_{5\%}$，m；当 $\dfrac{gD}{W^2} = 250 \sim 1\,000$ 时，h 为累积频率10%的波高 $h_{10\%}$，

m。而不同累积频率 P（%）下的波高 h_p 可由平均波高与平均水深的比值和相应的累积频率按表3.5中规定的系数计算求得。

表3.5 不同累积频率下的波高与平均波高比值（h_p/h_m）

Tab. 3. 5　Ratio of wave height and average wave height
with different cumulative frequency（h_p/h_m）

$\dfrac{h_m}{H_m}$ ＼ P（%）	0.01	0.1	1	2	4	5	10	14	20	50	90
<0.1	3.42	2.97	2.42	2.23	2.02	1.95	1.71	1.60	1.43	0.94	0.37
0.1~0.2	3.25	2.82	2.30	2.13	1.93	1.87	1.64	1.54	1.38	0.95	0.43

3.4.3　漫坝功能函数及风险模型

汛期年最大有效风造成的坝前水位增高值 Z_w 包括水面壅高 e 和波浪爬高 R_m 两部分，即 $Z_w = e + R_m$。因此由风浪造成的漫坝失事功能函数及相应风险模型可分别表示为

$$F = g(Z_c, Z_0, Z_w) = Z_c - (Z_0 + Z_w)$$
$$= Z_c - (Z_0 + e + R_m) \qquad (3.26)$$
$$P(OT \mid Z_0, W) = P[F(Z_0, W) < 0]$$
$$= P[Z_c - (Z_0 + e + R_m) < 0] \qquad (3.27)$$

式中，$P(OT \mid Z_0, W)$ 表示初始水位为 Z_0 时，由风速为 W 的汛期年最大有效风引起的漫坝风险。

3.5　洪水和风浪联合作用下的漫坝风险

由洪水和风浪联合作用下的漫坝风险功能函数，可以联合式

(3.13) 和式 (3.26) 得到

$$F = g(Z_c, Z_0, Z_f, Z_w) = Z_c - (Z_0 + Z_f + Z_w)$$
$$= Z_c - (Z_0 + Z_f + e + R_m) \quad (3.28)$$

洪水和风浪联合作用下的漫坝风险模型为

$$P(OT \mid Z_0, Q, W) = P[F(Z_0, Q, W) < 0]$$
$$= P[Z_c - (Z_0 + Z_f + e + R_m) < 0]$$
$$(3.29)$$

式中，$P(OT \mid Z_0, Q, W)$ 表示初始水位为 Z_0 时，由洪峰流量为 Q 的洪水及风速为 W 的汛期年最大有效风联合引起的漫坝风险。

3.6 基于改进的蒙特卡罗法的漫坝风险计算

由 2.4.6 节相关介绍可知，蒙特卡罗法是计算不确定性问题的一种主要方法。该方法首先生成 [0，1] 区间的均匀分布随机数，然后进行随机数转换，并将转换后的随机数序列作为输入变量序列进行特定的模拟试验。在生成 [0，1] 区间均匀分布随机数时，蒙特卡罗法一般都采用简单随机抽样。

采用蒙特卡罗方法估计系统的失效概率，虽然简单直观、通用性强，但由于所生成的样本点，落入失效域的比例过低，也就是说，样本点中绝大部分对失效概率值的贡献是 0，因此其计算效率很低，为了使模拟精度达到一定值，通常需要抽取大量的样本点。然而，输入的样本点个数越多，模拟所需要的时间越长，所以，若能对蒙特卡罗法的抽样方式进行改进，在取得一定模拟精度的基础上，缩减模拟中所需抽取的样本点数量，则可有效提高计算效率。为此，本文提出采用具有较高效率的重要抽样和拉丁超立方抽样相结合的抽样方法替代蒙特卡罗模拟中的简单抽样法，以此来提高蒙特卡罗法的计算效率。为便于区分，后文将采用简单抽样的蒙特卡罗法称为直接蒙特卡罗法，而将改进抽样方式后的蒙特卡罗法称为改进蒙特卡罗法。

改进蒙特卡罗方法的基本思路是利用重要抽要法改变随机变量

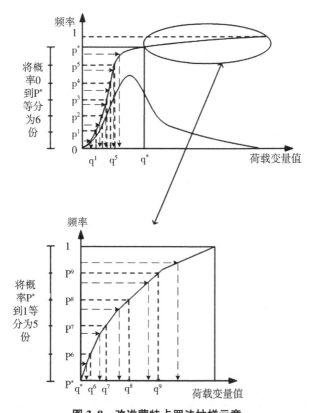

图 3.8 改进蒙特卡罗法抽样示意

Fig. 3.8 Diagram of improved Monte Carlo sampling method

的抽样重心，使抽取的样本点有更多的机会落在感兴趣的区域，然后利用拉丁超立方抽样将重要抽样划分出的每个区域等分为若干层，减少在每个区域里重复抽样的概率，提高抽样效率，进而提高模拟运算的效率。

在工程实际中，最感兴趣的部分一般主要集中于概率分布的两端。因此可首先采用重要抽样将概率分布整体划分为两个主要部分，然后利用拉丁超立方抽样将各部分等分为若干层。如图 3.8 所示，先将整个概率区间划分为 0 到 P^* 和 P^* 到 1 两部分，然后分别对 0 到 P^* 区间和 P^* 到 1 区间进行等分，在等分后的每个小区间中抽取随机变量。图 3.9（a）和（b）是分别采用直接蒙特卡罗法和改进蒙特卡罗法，对某地区服从极值 I 型分布的风速资料抽样而产生的 10 个随机数。通过对比可知，改进蒙特卡罗法生成的随机数不仅可以避免重复抽取已经出现的样本（较少的抽样次数即可相对较好地反映随机数的分布情况），而且可以增加所感兴趣区间（小概率区间）随机数的抽样次数，提高计算结果的收敛性。

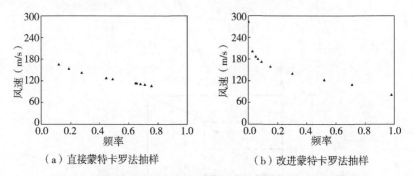

（a）直接蒙特卡罗法抽样　　　　　　（b）改进蒙特卡罗法抽样

图 3.9　直接蒙特卡罗法和改进蒙特卡罗法产生的 10 个随机数

Fig. 3.9　Ten random numbers generated by direct
Monte Carlo and improved Monte Carlo

对于某一固定的初始水位 H_0，如认为洪峰流量和风速是相互独立的随机变量，则式（3.5）中的大坝漫顶概率可改写为如下方程形式：

$$P_{OT} = \int\limits_{H_c}^{\infty} \int\limits_{H_c}^{\infty} f(H_f) \cdot f(H_w) \cdot \mathrm{d}H_f \cdot \mathrm{d}H_w \tag{3.30}$$

其相应离散形式为

$$P_{OT} = \sum_{i=1}^{4} P(OT \mid A_i) \cdot P(A_i) \tag{3.31}$$

其中，A_i 指由洪峰流量 Q 和风速 W 组成的样本空间中的第 i 部分；$P(A_i)$ 为 A_i 发生的概率，是某概率区间内的洪水和风的联合概率；$P(OT \mid A_i)$ 是在区域 A_i 中发生漫坝事件的概率。概率区间划分如图

3.10 所示。

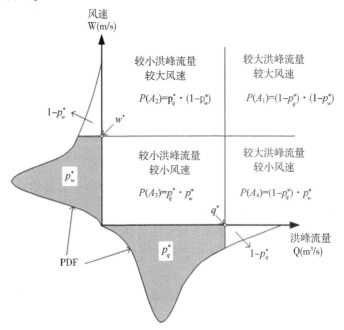

图 3.10 概率区间划分示意

Fig. 3.10 Conceptual diagram of probability interval division

若洪峰流量和风速是两个相互独立的变量，则其联合样本空间可以被划分为 A_1，A_2，A_3，和 A_4 4个区域，如图 3.10 所示。观察图 3.10 可知，洪峰流量和风速位于每个区域的概率值可由下式计算得到

$$\begin{cases} P(A_1) = P(Q > q^*, \ W > w^*) = (1 - p_q^*) \cdot (1 - p_w^*) \\ P(A_2) = P(Q \leqslant q^*, \ W > w^*) = p_q^* \cdot (1 - p_w^*) \\ P(A_3) = P(Q \leqslant q^*, \ W \leqslant w^*) = p_q^* \cdot p_w^* \\ P(A_4) = P(Q > q^*, \ W \leqslant w^*) = (1 - p_q^*) \cdot p_w^* \end{cases}$$

$$(3.32)$$

式中，Q 和 W 分别表示洪峰流量和风速；q^* 和 w^* 分别是概率值为

p_q^* 和 p_w^* 的两个概率分布相应截点的洪峰流量及风速值。

基于上述分析，在不考虑抽取出的样本变量不确定性时，采用 LHS 方法在每个区域内重新生成 N 个样本序列，并将其作为大坝漫坝模型的输入数据。一旦漫坝模型的功能函数小于 0（式 3.13、式 3.26 和式 3.28），则认为发生了漫坝失事。记各区域内漫坝事件发生的次数为 n_i，则每个区域内漫坝概率可表示为 n_i/N。因此，漫坝的总体概率为

$$P_{OT} = \sum_{i=1}^{4} P\left(OT \mid A_i\right) \cdot P\left(A_i\right) = \sum_{i=1}^{4} \frac{n_i}{N} \cdot P\left(A_i\right) \quad (3.33)$$

在考虑风的影响时，采用改进的蒙特卡罗法计算漫坝总体概率的过程可分为以下几个步骤。

（1）采用重要抽样和拉丁超立方抽样相结合的抽样方法将由洪水和风组成的空间划分为 4 个区域，并在每个区域内生成一组随机样本

（2）将生成的洪峰流量样本转换为入流洪水过程，并将其作为水库调洪演算的输入

（3）结合由风浪引起的水面壅高、波浪爬高模型及水库调控规则，计算出不同年（月）的水库最高水位值 如果每一年中有一个或多个月份漫坝模型的功能函数（式 3.28）小于 0，则可认为在当年发生了一次漫坝事件。

（4）重复步骤（1）到步骤（3）N 次 统计每个区域内发生漫坝的次数，利用式（3.33）即可估算出漫坝概率。

3.7 漫坝的不确定性因素分析

3.7.1 漫坝不确定性因素

漫坝的不确定性可以主要从以下四方面进行分析：

3.7.1.1 洪水

洪水是一个随机事件,并且是导致漫坝的主要风险因子。洪水的不确定性因素主要体现在以下几方面。

(1) 设计洪水的推求 设计洪水推求是水库防洪安全设计的重要环节,其计算值是否正确对水库防洪安全影响较大。目前我国大多采用 P-Ⅲ型频率曲线进行频率分析推求设计洪水,然而,此种线型并不是适用于所有地区,当所假设的总体线型与实际不符时,设计洪水必然会存在较大误差。此外,由于我国实测资料长度有限,较少的样本资料在推求设计洪水时必然也会带来一定误差。由此可知,样本总体分布线型的选取及样本资料的长短都会影响设计洪水值的计算结果,使设计洪水的推求过程具有不确定性。

(2) 洪水三要素的简化 洪水的时空分布需要采用其三要素,即洪峰、洪量及洪水历时才能全面描述。由于目前已有的相关实测资料不全面及计算水平有限,难以确定三要素对应的多维随机变量表达式,一般计算中均把复杂的洪水过程简化成为由洪峰或洪量表示的一维随机变量问题,而这种简化计算方式必然会带来不确定性。

(3) 洪水过程线的推求 洪水过程线的推求,是在计算出设计洪水的基础上,选取出对工程设计影响较大的设计洪水值,根据已有的一种或者几种典型洪水过程,采用同频率放大法或者同倍比放大法而得到的。

3.7.1.2 风浪

众所周知,作为自然现象的风是一随机事件,不同时间不同地点,风向与风速也是不确定的,因此由风引起的水面壅高和波浪爬高自然也是随机量。

3.7.1.3 水库面积和库容

早期的水利计算中,通常认为水库面积及库容是确定值,然而实际上并非如此，严格意义上讲水库面积和库容都是随机变量，其原因在于。

（1）不同的测量员绘制出的等高线图一般不同 并且即使测量出的等高线相同，由于使用设备和计算方法的不同，计算出的水库面积和库容值也存在差异。

（2）水库在运行过程中，由于坝前泥沙的淤积，库底地形会不断发生变化，从而使得水库面积和库容随之发生变化

虽然水库库容和面积均为变量，但在每次水利计算中都事先对其进行测量显然是不现实的。对此，通常视某一水位下的水库面积和库容服从正态分布，而将设计上采用的库容曲线和面积曲线作为正态分布的均值进行计算。

3.7.1.4 泄水能力

水库泄水能力的不确定性来源也有多个方面，如将三维水流简化为一维水流模型、泄水闸门出现故障而无法正常使用、测量误差及糙率取值的不确定性等。

3.7.2 频率分析不确定性计算

功能函数的统计特征受与其相关的随机参数的影响，而不确定性分析的目的在于量化受系统中不确定性因素影响的功能函数的分布特性。

对于漫坝风险而言，目前已有众多学者对漫坝风险分析中的库水位—库面积、水位—泄流量、坝高等的不确定性进行了研究[2,132-133]，但关于洪水和风浪频率分析误差所带来的洪水、风浪不确定性分析却较为罕见。众所周知，频率分析产生的误差是不可避免的。因此，本文在计算漫坝风险时，对洪水和风浪频率分析的不确定性进行了分析，研究了基于洪水和风浪频率分析不确定性的漫坝风险。

在实际工程设计计算中，一般均认为洪水频率分析得到的某一回归周期对应的洪峰流量值 Q_T 是单个的确定值，而不是与其概率分布相关的随机变量，该做法实际上忽略了洪水频率分析误差带来的不确定性。由于洪水频率分析的误差属于随机误差且难以完全避免，因此其必然会对风险分析计算结果产生一定影响。一般认为随机误差符合正态分布或者 t 分布，则某一回归周期洪峰流量不确定性如图 3.11 所示。图中，q_c 表示导致漫坝发生的临界洪峰流量值，T_c 则为其相应的回归周期。

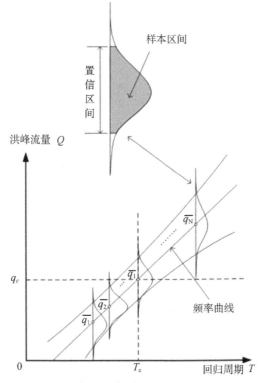

图 3.11 特定周期洪峰流量不确定性

Fig. 3.11 Uncertainty of flow rate of a specific return period

由图 3.11 可知，在考虑洪峰流量不确定性时，T_{c-i} 所对应的洪峰流量值大小可能取到 q_c，即在回归周期为 T_{c-i} 时也有可能发生漫坝失事。而通过观察能够发现，若不考虑洪峰流量不确定性，只有在回归周期为 T_c 时才会发生漫坝失事。因此，如果忽略洪峰流量的不确定性，则洪峰流量阈值 q_c 对应的漫坝风险将会被低估，从而导致漫坝风险的整体概率偏低。同理，对于风速资料的分析也会有相同结论。

设频率分析误差服从正态分布，且在采用重要抽样和拉丁超立方抽样相结合的抽样方法生成与正态分布样本有关的 T 年洪峰流量 q_T 时，令所生成的洪峰流量 s 在 95% 置信区间内，并且其均值为 q_T，标准差为

$$s_T = \left(1 + \frac{u}{2}\right)^{\frac{1}{2}} \frac{\sigma}{\sqrt{n}} \tag{3.34}$$

式中，σ 为所观察到的水文事件的标准偏差；u 是均值为 0 的标准正态变量，其标准差为非超概率 F，u 可以通过以下公式计算得到[134]

$$u = B - \frac{C_0 + C_1 B + C_2 B^2}{1 + d_1 B + d_2 B^2 + d_3 B^3} + \varepsilon(P) \tag{3.35}$$

式中

$$
\begin{aligned}
&C_0 = 2.525517 \quad C_1 = 0.802853 \quad C_2 = 0.010328 \\
&d_1 = 1.432788 \quad d_2 = 0.180269 \quad d_3 = 0.001308 \\
&\varepsilon(P) < 4.5 \times 10^{-4} \\
&B = \sqrt{-2\log(P)} \quad P < 0.5
\end{aligned} \tag{3.36}
$$

其中，$P = 1 - F$，表示超越概率。

采用改进蒙特卡罗法生成正态分布随机样本，其对应的样本均值为 T 年洪峰流量，标准差根据式（3.34）和式（3.36）计算。若设生成的样本大小为 M，此时，结合式（3.33），可知考虑频率分析不确定性的漫坝风险模型为

$$P_{OT} = \sum_{i=1}^{4} \frac{m_i}{N \cdot M} \cdot P\ (A_i) \qquad i = 1,\ 2,\ 3,\ 4 \qquad (3.37)$$

式中，m_i 表示考虑流量不确定性因素时各区域内漫坝的次数。

3.8　小结

　　本部分介绍了漫坝与漫坝风险的概念、漫坝风险评估不确定性因素及漫坝风险评估步骤，并分别介绍了由洪水引起的漫坝、风浪引起的漫坝以及洪水和风浪联合作用下的漫坝风险。此外，本部分基于第 2 部分不确定性计算方法介绍的基础上提出了一种改进的蒙特卡罗方法，采用该方法对频率分析不确定性及漫坝风险进行了分析。并对频率分析不确定性进行了研究，给出了考虑频率分析不确定性时的漫坝风险计算方法。

4

水文频率分析方法介绍

　　水文频率分析的目的在于根据实测洪水和历史洪水资料等，推求年最大洪峰流量等的概率分布函数，进而对未来的洪水情势作出预估，作为大坝泄洪建筑物、桥涵以及其他防洪工程规划设计的依据[3]。水文频率分析不仅能为即将建设的水利工程提供设计依据，而且可以为已建水利工程的风险分析及水资源系统化利用提供计算基础。因此，选择合理的水文频率分析方法极其重要，其为漫坝风险分析的主要内容之一。

　　目前，水文频率分析方法主要可分为参数和非参数方法，本部分将分别对这两种方法进行介绍，并在总结传统参数法与非参数法的基础上提出一种新的水文频率分析思路，即基于概率密度演化法的水文频率分析方法。

4.1　参数法估计水文频率

　　参数法是我国水利水电工程设计水文频率分析常采用的一种方法。其基本思路为先假定总体分布线型，如 P-Ⅲ型分布、Gumbel分布、正态分布等，然后对其统计参数进行估计，最终根据分布函数推求洪水设计值。

4.1.1　线型选取

　　水文频率计算中使用的概率分布曲线称为水文频率曲线，结合数学中不同概率分布曲线的特性，大体上可将水文频率曲线分为正态分布、极值分布以及 P-Ⅲ型分布三种类型。

如何从多种水文频率曲线中选择出恰当的分布线型，是采用参数法进行水文频率分析时的首要考虑问题。结合水文序列的特点，在我国应用最广泛的分布线型有两种，一种为正态分布型，另一种为 P-Ⅲ型分布[135]。SL44-2006《水利水电工程设计洪水计算规范》规定，我国频率曲线的线型一般应采用 P-Ⅲ型，特殊情况，经分析论证后也可以采用其他线型[136]。为客观评价所选分布是否合理，一般常采用 Chi-Square 检验及 Kolmogorov-Smirnov 检验（K-S 检验）两种拟合检验方法对其进行验证。

（1）Chi-Square 检验　Chi-Square 检验是以 χ^2 分布为基础的一种常用假设检验方法。该方法以 χ^2 统计量表示观测值与理论值之间的偏离程度，其计算公式如下

$$\chi^2 = \sum \frac{(O-E)^2}{E} = \sum_{i=1}^{k} \frac{(O_i-E_i)^2}{E_i} = \sum_{i=1}^{k} \frac{(Q_i-np_i)^2}{np_1}$$
$$(i=1, 2, 3, \cdots, k) \tag{4.1}$$

式中，O_i 为 i 水平的观察频数，E_i 为 i 水平的期望频数，n 为总频数，p_i 为 i 水平的期望频率。i 水平的期望频数 T_i 等于总频数 $n×i$ 水平的期望概率 p_i，k 为单元格数。当 n 比较大时，χ^2 统计量近似服从 $k-1$（计算 E_i 时用到的参数个数）个自由度的 χ^2 分布。

计算检验统计量观察值还可以用式（4.1）等价表达式表述

$$\chi^2 = \sum_{i=1}^{k} \frac{O_i^2}{np_i} - n \quad (i=1, 2, 3, \cdots, k) \tag{4.2}$$

当 k 比较大时，用公式（4.2）可减少计算过程的误差。

Chi-Square 检验对离散型分布和连续分布均适用，但缺点在于其区间的划分是人为操控的。这表示 Chi-Square 检验是基于多项分布和样本数据的拟合优度检验，而不是原假设的分布对样本数据的拟合优度检验[137]。

（2）K-S 检验　设总体 X 服从连续分布，X_1，X_2，$\cdots$，X_N 是来自总体 X 的简单随机样本。则根据概率论的大数定律可知，当 N 趋于无穷大时，样本经验分布函数 $F_N(x)$ 以概率收敛总体分布函数 $F(x)$，即

$$\lim_{N\to\infty} F_N(x) \overset{P}{=} F(x), \quad -\infty < x < +\infty \tag{4.3}$$

K-S 检验统计了经验分布函数 $F_N(x)$ 与总体分布函数 $F(x)$ 之间的偏差，定义统计量 D_N 如下

$$D_N = \max|F_N(x) - F(x)| \tag{4.4}$$

式中，$F_N(x) = N_j/N$，N_j 为第 j 级的累计样本数。

K-S 检验的效果比较好，灵敏度比较高，适用于假设的总体分布 $F_0(x)$ 是连续型分布函数。

4.1.2　参数估计

在选定水文频率曲线线型后，为了具体确定频率分布曲线表达式，从而计算所需的频率设计值，则必须估计出概率分布函数中所包含的参数值。由于水文现象的总体通常是无限的，在实际工作中几乎无法获得，这就需要利用有限的样本观测资料去估计总体分布线型中的参数，故称为参数估计[135]。

由样本估计总体参数的方法有很多，在此主要介绍常用的一些方法。

4.1.2.1　矩法

Karl Pearson 在 1902 年首次提出了矩法，它是用样本矩估计总体矩，并通过矩与参数之间的关系，来估计频率曲线参数的一种方法。Pearson 早期仅考虑了原点矩，随后又提出了分别用均方差及偏态系数表示二阶中心矩及三阶中心矩，并以此推导出分布曲线的第二个和第三个统计参数值。

假设一个分布函数 $f_X(x)$，其均值为

$$\mu = E[X] = \int_{-\infty}^{+\infty} x f_X(x)\, dx \tag{4.5}$$

方差可用均值的二阶矩表示为 $\sigma^2 = E\left[(X-\mu)^2\right]$。方差的平方根为均方差 σ，它反映了分布的宽度或尺度，可用来比较相同量纲的两个系列值。当两个系列的量纲不同时需要用变差系数来比较。变差系数可表示为均方差与均值的比值 σ/μ。分布的相对不对称性可以用偏态系数 $\gamma = E\left[(X-\mu)^3\right]/\sigma^3$ 来描述。而峰度系数 k 是反映分布尾部厚度的参数，$k = E\left[(X-\mu)^4\right]/\sigma^4$。表 4.1 给出了水文中常用的不同分布四种矩的表达式。

对于一组实测值 $(X_1, X_2, \cdots, X_n)$，其均值、方差及偏态系数的无偏估计为

$$\mu = \overline{X} = \frac{1}{n}\sum_{i=1}^{n} X_i \tag{4.6}$$

$$\sigma^2 = S^2 = \frac{1}{n-1}\sum_{i=1}^{n}(X_i - \overline{X})^2 \tag{4.7}$$

$$\hat{\gamma} = \frac{n}{(n-1)(n-2)S^3}\sum_{i=1}^{n}(X_i - \overline{X})^3 \tag{4.8}$$

对表 4.1 中的方程进行反变化，则可得到不同分布频率曲线的参数表达式，然后采用样本矩来估计频率曲线的参数，从而得到具体的概率分布函数。

表 4.1　水文中常用频率分布的矩法及线性矩法

Tab. 4.1　Moments and L-moments of commonly used frequency distributions in hydrology

分布	矩法	线性矩法
Normal 分布	$\mu = \theta_1, \sigma = \theta_2$ $\gamma = 0, k = 3$	$\lambda_1 = \theta_1, \lambda_2 = \pi^{-1/2}\theta_2$ $\tau_3 = 0, \tau_4 = 0.1226$

（续表）

分布	矩法	线性矩法
Lognormal 分布	$\mu = \exp(\theta_1 + \theta_2^2/2)$ $\sigma^2 = [\exp(\theta_2^2) - 1]\exp(2\theta_1 + \theta_2^2)$ $\gamma = [\exp(\theta_2^2) + 2](\exp(\theta_2^2) - 1)^{1/2}$ $k = \exp(4\theta_2^2) + 2\exp(3\theta_2^2) +$ $3\exp(2\theta_2^2) - 3$	$\lambda_1 = \exp(\theta_1 + \theta_2^2/2)$ $\lambda_2 = \exp(\theta_1 + \theta_2^2/2)$ $[2\Phi(\theta_2/2^{1/2}) - 1]$ $\tau_3 : NA$ $\tau_4 : NA$
3 - par Lognormal 分布	$\mu = \theta_1 + \exp(\theta_2 + \theta_3^2/2)$ $\sigma^2 = [\exp(\theta_3^2) - 1]\exp(2\theta_2 + \theta_3^2)$ $\gamma = [\exp(\theta_3^2) + 2](\exp(\theta_3^2) - 1)^{1/2}$ $k = \exp(4\theta_3^2) + 2\exp(3\theta_3^2) +$ $3\exp(2\theta_3^2) - 3$	$\lambda_1 = \theta_1 + \exp(\theta_2 + \theta_3^2/2)$ $\lambda_2 = \exp(\theta_2 + \theta_3^2/2)$ $[2\Phi(\theta_3/2^{1/2}) - 1]$ $\tau_3 : NA$ $\tau_4 : NA$
Exponential 分布	$\mu = \theta_1 + \theta_2, \sigma^2 = \theta_2^2$ $\gamma = 2, k = 9$	$\lambda_1 = \theta_1 + \theta_2, \lambda_2 = \theta_2/2$ $\tau_3 = 1/3, \tau_4 = 1/6$
Gamma 分布	$\mu = \theta_1\theta_2, \sigma^2 = \theta_2\theta_1^2$ $\gamma = 2\,\mathrm{sign}(\theta_1)/\theta_2^{1/2}$ $k = 6/\theta_2 + 3$	$\lambda_1 = \theta_1\theta_2$ $\lambda_2 = \pi^{-1/2}\theta_1\Gamma(\theta_2 + 1/2)/\Gamma(\theta_2)$
P-Ⅲ分布	$\mu = \theta_1 + \theta_3\theta_2, \sigma^2 = \theta_3\theta_2^2$ $\gamma = 2\,\mathrm{sign}(\theta_2)/\theta_3^{1/2}$ $k = 6/\theta_3 + 3$	$\lambda_1 = \theta_1 + \theta_2\theta_3$ $\lambda_2 = \pi^{-1/2}\theta_2\Gamma(\theta_3 + 1/2)/\Gamma(\theta_3)$ $\tau_3 : NA$ $\tau_4 : NA$
对数 P-Ⅲ分布	$\mu = \exp(\theta_1)(1 - \theta_2)^{-\theta_3}$ $\sigma^2 = \exp(2\theta_1)[(1 - 2\theta_2)^{-\theta_3} -$ $(1 - \theta_2)^{-2\theta_3}]$ $\gamma : NA$ $k : NA$	$\lambda_1 = \exp(\theta_1)(1 - \theta_2)^{-\theta_3}$ $\lambda_2 : NA$ $\tau_3 : NA$ $\tau_4 : NA$
Gumbel 分布	$\mu = \theta_1 + 0.5772\theta_2, \sigma^2 = \pi^2\theta_2^2/6$ $\gamma = 1.1396, k = 5 + 2/5$	$\lambda_1 = \theta_1 + 0.5772\theta_2, \lambda_2 = \theta_2\ln(2)$ $\tau_3 = 0.1699, \tau_4 = 0.1504$
Frechet 分布	$\mu = \theta_1\Gamma(1 - 1/\theta_2)$ $\sigma^2 = \theta_1^2[\Gamma(1 - 2/\theta_2) - \Gamma^2(1 - 1/\theta_2)]$	$\lambda_1 = \theta_1\Gamma(1 - 1/\theta_2)$ $\lambda_2 = \theta_1\Gamma(1 - 1/\theta_2)(2^{1/\theta_2} - 1)$
Weibull 分布	$\mu = \theta_1\Gamma(1 + 1/\theta_2)$ $\sigma^2 = \theta_1^2[\Gamma(1 + 2/\theta_2) - \Gamma^2(1 + 1/\theta_2)]$	$\lambda_1 = \theta_1\Gamma(1 + 1/\theta_2)$ $\lambda_2 = \theta_1\Gamma(1 + 1/\theta_2)(2^{-1/\theta_2} - 1)$

（续表）

分布	矩法	线性矩法
GEV 分布	$\mu=\theta_1+\theta_2[1-\Gamma(1+\theta_3)]/\theta_3$ $\sigma^2=(\theta_2/\theta_3)^2[\Gamma(1+2\theta_3)-\Gamma^2(1+\theta_3)]$ γ：NA k：NA	$\lambda_1=\theta_1+\theta_2[1-\Gamma(1+\theta_3)]/\theta_3$ $\lambda_2=\theta_2(1-2^{-\theta_3})\Gamma(1+\theta_3)/\theta_3$ $\tau_3=2(1-3^{-\theta_3})/(1-2^{-\theta_3})-3$ $\tau_4=[5(1-4^{-\theta_3})-10(1-3^{-\theta_3})+$ $6(1-2^{-\theta_3})]/(1-2^{-\theta_3})$
Generalized Pareto 分布	$\mu=\theta_1+\theta_2/(1+\theta_3)$ $\sigma^2=\theta_2^2/[(1+\theta_3)^2(1+2\theta_3)]$ $\gamma=2(1+2\theta_3)^{1/2}(1-\theta_3)/(1+3\theta_3)$ $k=[3(1+2\theta_3)(3-\theta_3+2\theta_3^2)]/$ $[(1+3\theta_3)(1+4\theta_3)]$	$\lambda_1=\theta_1+\theta_2/(1+\theta_3)$ $\lambda_2=\theta_2/[(1+\theta_3)(2+\theta_3)]$ $\tau_3=(1-\theta_3)/(3+\theta_3)$ $\tau_4=(1-\theta_3)(2-\theta_3)/$ $[(3+\theta_3)(4+\theta_3)]$

注：θ_1、θ_2、θ_3 为概率分布函数的参数，Φ 为标准正态累积分布函数，Γ 为伽玛函数，NA 表示矩或者线型矩的解析表达式非常复杂或难以获得。在线型矩的计算中只需采用变量的一次幂，与常规矩（其变数需采用二次或更高次幂）相比，其对统计参数的估计受变数误差的影响要小一些。

矩估计法直观又简单，特别是在估计总体的期望与方差时，不一定要知道总体的分布函数。然而，矩估计法结果可能不唯一，并且不一定是一个好的估计。因此，在现行水文频率计算中，一般将矩法估计的参数值作为适线法的初步参考数值[138]。

4.1.2.2 线性矩法

1990 年，Hosking 首次提出了线性矩法[139]，它是概率权重矩的线性组合。由于该方法具有较好的统计特性，故受到了诸多学者关注[5,140-141]。

根据参考文献 [139]，一阶线型矩为均值 $\lambda_1=E(x)$，其二阶至四阶线性矩可以定义为

$$\lambda_2 = \frac{1}{2}E(x_{2,2} - x_{1,2})$$

$$\lambda_3 = \frac{1}{3}E(x_{3,3} - 2x_{2,3} + x_{1,3})$$

$$\lambda_4 = \frac{1}{4}E(x_{4,4} - 3x_{3,4} + 3x_{2,4} - x_{1,4})$$

（4.9）

式中，$x_{2,2} - x_{1,2}$ 表示取系列（按自小而大的次序排列）中任何可能的前后两值之差，且 $x_{2,2} \geqslant x_{1,2}$，其两个下标分别表示排列顺序及取值计算个数。式（4.9）中其他下标含义类似。一般来讲，有

$$\lambda_r = \frac{1}{r}\sum_{j=0}^{r-1}(-1)^j\binom{r-1}{j}E(x_{r-j,r})$$

（4.10）

类似于矩法，线性矩法也可以根据线性矩来表示分布参数，并采用样本线性矩来估计分布的线性矩。样本线性矩可定义为

$$l_r = \sum_{k=0}^{r-1}p^*_{r-1,k}b_k$$

（4.11）

$$p^*_{r,k} = (-1)^{r-k}\binom{r}{k}\binom{r+k}{k}$$

（4.12）

$$b_k = n^{-1}\binom{n-1}{k}^{-1}\sum_{j=k+1}^{n}\binom{j-1}{k}x_{j,n}$$

（4.13）

式中，$p^*_{r,k}$ 为移位勒让德多项式，b_k 为样本概率权重矩，n 是样本长度，k 是概率权重矩的阶。由于线性矩估计是样本值的线性函数，因此，线性矩估计结果具有良好的无偏性，并且其抽样方差相对较小。

线性变差系数可以用两个线性矩的比值来表示 $\tau = l_2'/l_1'$，相应的其他线性矩的比值 $\tau_3 = l_3'/l_2'$、$\tau_4 = l_4'/l_3'$ 可分别用于衡量分布函数的偏态系数及峰值。表4.1 给出了水文常用分布的线性矩参数估计公式。

4.1.2.3 极大似然法

1821 年，德国数学家 Gauss 首次提出了极大似然估计法的概

念。直至 1922 年，英国统计学家 Fisher 重新对极大似然法的概念进行了定义，促进了该方法在未来近百年的持续发展[142]。

极大似然估计法是建立在极大似然原理基础上的一个统计方法。因其具有较强的直观性，又能获得参数 θ 的合理估计量，特别对于大样本情况，极大似然估计法具有良好的性质。所以它目前仍被广泛应用于参数估计计算中。

极大似然原理可直观的描述为：一个随机试验如有若干个可能的结果 A，B，C，…。若在仅仅做一次试验中，结果 A 出现，则一般认为试验条件对 A 出现有利，也即 A 出现的概率很大。一般地，事件 A 发生的概率与参数 θ 相关，A 发生的概率记为 $P(A，\theta)$，则 θ 的估计应该使上述概率达到最大，这样的 θ 则称为极大似然估计。当总体 X 为离散型分布及连续型分布时，其对应的极大似然估计及参数的极大似然估计求解步骤如下：

（1）X_1，X_2，…，X_n 是来自离散型总体 X 的样本　总体 X 的分布律 $P\{X=x\}=p(x;\theta)$，$\theta \in \Theta$ 的形式为已知，θ 为待估参数，Θ 是 θ 可能取值的范围。则 X_1，X_2，…，X_n 的联合分布律为 $\prod_{i=1}^{n}p(x_i;\theta)$。

设 x_1，x_2，…，x_n 是 X_1，X_2…，X_n 的一个样本值，可知样本 X_1，X_2，…，X_n 取 x_1，x_2，…，x_n 的概率，即事件 $\{X_1=x_1，…，X_n=x_n\}$ 发生的概率为

$$L(\theta)=L(x_1，…，x_n;\theta)=\prod_{i=1}^{n}p(x_i;\theta)，\theta \in \Theta$$

（4.14）

式中，$L(\theta)$ 称为样本的似然函数。

根据极大似然估计法的思想，固定 x_1，x_2，…，x_n，挑选使概率 $L(x_1，…，x_n;\theta)$ 达到最大的参数 $\hat{\theta}$，作为 θ 的估计值，即取 $\hat{\theta}$ 使得

$$L(x_1，…，x_n;\hat{\theta})=\max_{\theta \in \Theta}L(x_1，…，x_n;\theta)$$ （4.15）

$\hat{\theta}$ 与 x_1, x_2, $\cdots$, x_n 有关，可记为 $\hat{\theta}(x_1, \cdots, x_n)$，其为参数 θ 的极大似然估计值。而 $\hat{\theta}(X_1, \cdots, X_n)$ 为参数 θ 的极大似然估计量。

（2）X_1, X_2, $\cdots$, X_n 是来自连续型总体 X 的样本 X 的概率密度 $f(x; \theta)$，$\theta \in \Theta$ 的形式已知，θ 为待估参数，则 X_1, X_2, $\cdots$, X_n 的联合密度为 $\prod_{i=1}^{n} f(x_i; \theta)$。

同样设 x_1, x_2, $\cdots$, x_n 是 X_1, $X_2 \cdots$, X_n 的一个样本值，则随机点 $(X_1, \cdots, X_n)$ 落在 $(x_1, \cdots, x_n)$ 的邻域（边长分别为 dx_1, $\cdots$, dx_n 的 n 为立方体）内的概率近似为

$$\prod_{i=1}^{n} f(x_i; \theta)\,\mathrm{d}x \tag{4.16}$$

取 θ 的估计值为 $\hat{\theta}$，使概率式（4.16）取到最大值。由于 $\prod_{i=1} dx_i$ 不随 θ 而变，因此只需考虑下式的最大值

$$L(\theta) = L(x_1, \ldots, x_n; \theta) \prod_{i=1}^{n} f(x_i; \theta) \tag{4.17}$$

式中，$L(\theta)$ 为样本的似然函数。

若 $L(x_1, \cdots, x_n; \hat{\theta}) = \max_{\theta \in \Theta} L(x_1, \cdots, x_n; \theta)$，则称 $\hat{\theta}(x_1, \cdots, x_n)$ 为参数 θ 的极大似然估计值，$\hat{\theta}(X_1, \cdots, X_n)$ 为参数 θ 的极大似然估计量。

一般情况下，$p(x; \theta)$、$f(x; \theta)$ 关于 θ 可微，因此 θ 可由 $\dfrac{\mathrm{d}L(\theta)}{\mathrm{d}\theta} = 0$ 求得。考虑到 $L(\theta)$ 与 $\ln L(\theta)$ 在同一 θ 处取到极值，因此 θ 的极大似然估计也可以从式（4.18）获得

$$\frac{\mathrm{d}}{\mathrm{d}\theta}\ln L(\theta) = 0 \tag{4.18}$$

如果母体的分布中包含多个参数，则可令 $\dfrac{\partial L}{\partial \theta_i} = 0$，$i = 1$, $\cdots$, k

或者 $\frac{\partial \ln L}{\partial \theta_i} = 0$，$i = 1$，$\cdots$，$k$。求解 k 个方程组求得 θ_1，$\cdots$，θ_k 的极大似然估计值。

（3）参数的极大似然估计步骤　写出似然函数

$$L(\theta_1, \theta_2, \cdots, \theta_k) = L(x_1, \cdots, x_n; \theta_1, \theta_2, \cdots, \theta_k) = \prod_{i=1}^{n} f(x_i; \theta_1, \theta_2, \cdots, \theta_k)$$

取对数

$$\ln L(\theta_1, \theta_2, \cdots, \theta_k) = \sum_{i=1}^{n} \ln f(x_i; \theta_1, \theta_2, \cdots, \theta_k)$$

根据式（4.18），将对数似然函数对各参数求偏导数并令其值为零，得对数似然方程组。若总体分布中只有一个未知参数，则为一个方程，称为对数似然方程。

从方程组中解出 θ_1，$\cdots$，θ_k，并记为

$$\begin{cases} \hat{\theta}_1 = \hat{\theta}_1(X_1, \cdots, X_n) \\ \hat{\theta}_2 = \hat{\theta}_3(X_1, \cdots, X_n) \\ \cdots \\ \hat{\theta}_k = \hat{\theta}_k(X_1, \cdots, X_n) \end{cases}$$

4.1.2.4　概率权重矩法

概率权重矩法是 Greenwood 等于 1979 年提出的一种参数估计方法。设 $F(x)$ 为随机变量 x 的概率分布函数，则概率权重矩的定义为[143]

$$M_{i,j,k} = E\{x^i [F(x)]^j [1 - F(x)]^k\} = \int_0^1 x^i F^j (1 - F)^k dF$$

(4.19)

式中，$F = F(x) = P(X < x)$ 为随机变量 x 的分布函数，i、j、k 均为实数。

为了避免测量值的高次方造成较大的抽样误差，一般取 $i=1$，而 j 或者 k 中有一个为零值，则有

$$M_{1,\,j,\,0} = \int_0^1 x F^j dF \qquad (4.20)$$

或

$$M_{1,\,0,\,k} = \int_0^1 x\,(1-F)^k dF \qquad (4.21)$$

设 $p=G=G\,(x)=1-F\,(x)=P\,(X\geqslant x)$，则在水文计算中，样本总体分布函数的各阶矩计算公式为

$$\left.\begin{aligned}
M_{1,0,0} &= \frac{1}{n}\sum x_i = \bar{x}\\
M_{1,0,1} &= \frac{1}{n}\sum x_i p_i\\
M_{1,0,2} &= \frac{1}{n}\sum x_i p_i^{\,2}\\
M_{1,0,3} &= \frac{1}{n}\sum x_i p_i^{\,3}
\end{aligned}\right\} \qquad (4.22)$$

式中，p_i、p_i^2 及 p_i^3 的无偏估计值为

$$\left.\begin{aligned}
p_i &= \frac{n-j}{n-1}\\
p_i^2 &= \frac{(n-1)(n-j-1)}{(n-1)(n-2)}\\
p_i^3 &= \frac{(n-1)(n-j-1)(n-j-2)}{(n-1)(n-2)(n-3)}
\end{aligned}\right\} \qquad (4.23)$$

结合式（4.23）及式（4.22）可知

$$\hat{M}_{1,0,0} = \frac{1}{n} \sum x_i = \bar{x}$$

$$\hat{M}_{1,0,1} = \frac{1}{n} \sum \frac{n-j}{n-1} x_i$$

$$\hat{M}_{1,0,2} = \frac{1}{n} \sum \frac{(n-1)(n-j-1)}{(n-1)(n-2)} x_i \qquad (4.24)$$

$$\hat{M}_{1,0,3} = \frac{1}{n} \sum \frac{(n-1)(n-j-1)(n-j-2)}{(n-1)(n-2)(n-3)} x_i$$

Landwehr 等证明 $\hat{M}_{1,0,k}$ 是 $M_{1,0,k}$ 的无偏估计[144]，即

$$E(\hat{M}_{1,0,k}) = M_{1,0,k} \qquad (4.25)$$

4.1.3 经验频率公式

设某水文要素的实测系列共有 n 项，将其按照由大到小的次序排列为 x_1、x_2、$\cdots$、x_m、$\cdots$、x_n。计算实测系列中项次为 m 的相应值的经验频率的公式，即称为经验频率公式，简称经验公式。

（1）简单经验公式　简单经验公式是根据古典定义得来，其表达式为

$$P = \frac{m}{n} \qquad (4.26)$$

式中，P 为等于和大于 x_m 的经验频率，m 为 x_m 的序号，即为等于和大于 x_m 的项数。

简单经验公式的缺点是最末一项的概率为 1，这不符合实际情况，不能用于小样本。为克服简单经验公式的这一缺陷，常采用数学期望公式、切哥达也夫公式及海森公式等。

（2）数学期望公式

$$P = \frac{m}{n+1} \qquad (4.27)$$

（3）切哥达也夫公式

$$P = \frac{m - 0.3}{n + 0.4} \qquad (4.28)$$

此公式为分布的中值公式。

（4）海森公式

$$P = \frac{m - 0.5}{n} \qquad (4.29)$$

（5）其他公式

$$P = \frac{m - a}{n + b} \qquad (4.30)$$

式中，a，b 为常数，根据建立公式条件的不同而不同。

4.2　非参数密度估计

非参数概率密度估计是指密度函数未知（或最多只知道连续、可微等条件），仅从已有的样本出发得出密度函数的表达式。由于非参数法可以避开水文频率分析中的线型选取问题，因此其在水文频率计算领域中潜力巨大[145]。本节将分别介绍几种常用的非参数法。

4.2.1　直方图估计法

直方图估计又称直方图方法。其基本思想是利用已获得的总体的样本数据，按构造直方图的方法获得总体的概率密度估计。直方图估计的具体计算步骤如下。

（1）由已知数据的最小值与最大值确定包含全部数据的实测区间 $[a, b]$（$a \leqslant x_{(1)} < x_{(n)} \leqslant b$）

（2）等分实测区间为 k 个小区间：$[a = a_0, a_1)$，$[a_1, a_2)$，$[a_2, a_3)$，…，$[a_{k-1}, a_k = b]$

（3）记录落在每个小区间的数据个数：$q_i = \# \{x_1, x_2, \cdots, x_n \in [a_i, a_{i+1})\}$

（4）由总体密度函数的性质与频率性质获得

$$\frac{q_i}{n} \approx P\{a_i \le x < a_{i+1}\} = \int_{a_i}^{a_{i+1}} f(x) dx \approx f(x)(a_{i+1} - a_i)$$

（4.31）

$$f(x) \approx \frac{q_i}{n(a_{i+1} - a_i)} \quad \forall x \in [a_i, a_{i+1}) \qquad (4.32)$$

（5）以每个小区间为底边，密度估计值为高作成直方图

（6）可用光滑曲线描出密度函数的近似图形。总体概率密度函数的直方图估计为

$$f(x) \approx \begin{cases} 0 & x < a_0 = a \\ \dfrac{q_i}{n(a_{i+1} - a_i)} & a_i \le x < a_{i+1} \\ 0 & x > a_n = b \end{cases} \qquad (4.33)$$

直方图估计的优点在于简单易行，其缺点为它不是连续函数且效率较低[146]。

4.2.2 Rosenblatt 估计

Rosenblatt 估计是 Rosenblatt 在 1956 年提出的，它改进了直方图法对每个区间边缘部分的密度估计较差的缺陷。

设 $x_1, x_2, \cdots, x_n$ 是来自未知密度 f 的一个样本观测值，取定一个正数 h_n，其为一个与 n 有关的适当选取的常数，对每个固定的 x，设以 x 为中心，长为 $2h_n$ 的区间 $[x-h_n, x+h_n)$ 为 I_x，计算出的值作为 f 在 x 点处之值 $f(x)$ 的估计，该值即为 Rosebnlatt 估计。设 Rosebnlatt 估计可用 $f_R(x) f_n(x; x_1, x_2, \cdots, x_n)$ 表示，则有

$$f_R(x) = \frac{1}{2nh_n} \#\{i: 1 \le i \le n, x_i \in I_x\} \qquad (4.34)$$

Rosenblatt 估计法与直方图估计法的区别在于其事先不确定分割区间，而让该区间随着预估点 x 变化，这样可使 x 始终处在区间的中心位置，从而获得较好的效果。理论上证明，从估计量与被估计量的数量级上看，Rosenblatt 估计法优于直方图法[146]。

4.2.3　最邻近估计法

最邻近估计法于 1965 年由 Loftsgarden 和 Quesenberry 首次提出，该方法较适合于密度的局部估计。其主要思想是：设 x_1，x_2，$\cdots$，x_n 为来自未知密度 $f(x)$ 的一个系列样本。事先选定一个与 n 有关的整数 $k = k_n$，（$1 \leqslant k \leqslant n$）。对于固定的 $x \in R$，记 $a_n(x)$ 为最小的正数 a，使得在区间 $[x-a, x+a]$ 范围内至少包含 x_1，x_2，$\cdots$，x_n 中的 k 个。对于每一个 $a > 0$，可以期望在 x_1，x_2，$\cdots$，x_n 中约有 $2a_n f(x)$ 个值落入区间 $[x-a, x+a]$ 中，因此，$f(x)$ 的估计 $f_n(x)$ 可以通过令 $k = 2a_n n f_n(x)$ 来得到。定义

$$f_n(x) = \frac{k_n}{2a_n(x)n} \qquad (4.35)$$

称 $f_n(x)$ 为 $f(x)$ 的最邻近估计。此处，区间长度 $2a_n(x)$ 是随机的，而区间内所含观察数则是固定的[146-148]。

4.2.4　核估计

Rosenblatt 估计虽然对直方图估计进行了改进，然而，与直方图估计相比，其差异在于各阶梯之长不一定相同，但实质仍为非连续曲线。为得到连续曲线，在 Rosenblatt 估计中，对每个 x 各做一个以 x 为中点的小区间 $(x-h, x+h)$，然后以 $(f_n(x) = \# (\{j \mid 1 \leqslant j \leqslant n, x-h \leqslant x_j \leqslant x+h\})/2h$ 作为 $f(x)$ 的估计。其中 $h > 0$ 是与 n 有关的常数。引进函数

$$K(x) = \frac{1}{2}I(-1, 1)(x) = \begin{cases} \dfrac{1}{2} & -1 \leqslant x \leqslant 1 \\ 0 & \text{其他} \end{cases} \tag{4.36}$$

则 Rosenblatt 估计可改写为

$$f_n(x) = \frac{1}{nh}\sum_{i=1}^{n} K\left(\frac{x-x_i}{h}\right) \tag{4.37}$$

由上式确定的 $K(x)$ 是一个特殊的密度函数。若不将式 (4.37) 中的 $K(x)$ 局限为式 (4.36) 的形式，而让它取任意密度函数或更一般的函数，则可得核估计的定义。定义 $x_1, x_2, \cdots, x_n$ 为来自具有密度函数 $f(x)$ 的未知总体独立样本，$K(u)$ 为定义在 $(-\infty, +\infty)$ 上的 *Borel* 可测函数，则式 (4.37) 称为 $f(x)$ 的一个核估计，$K(x)$ 称为核函数，h 称为窗宽[145]。

核密度估计不仅与样本有关，还与核函数及窗宽的选取有关。其密度函数估计量 $f_n(x)$ 优良性的评判可采用如下标准：

偏差

$$BLAS = Ef_n(x) - f(x) \tag{4.38}$$

方差

$$VAR = E[f_n(x) - Ef_n(x)]^2 \tag{4.39}$$

均方误差

$$MSE = E[f_n(x) - f(x)]^2 \tag{4.40}$$

积分均方误差（L2 误差）

$$MISE = E\int[f_n(x) - f(x)]^2\mathrm{d}x = \int[bias\,f_n(x)^2 + var\hat{f}_n(x)]\mathrm{d}x \tag{4.41}$$

下边分别对核密度估计的核函数及窗宽选取进行介绍。

（1）核函数的选取　核密度估计的实质是对样本点施以不同的权，用加权来代替通常的计数。在实际应用中，核函数 $K(x)$ 常用在原点有单峰的对称密度函数，其选取通常满足以下条件[60]：

一般核函数属于对称的密度函数族 P，即核函数 $K(x)$ 满足

$$K(-x) = K(x); \quad K(x) \geqslant 0; \quad \int K(x)\,\mathrm{d}x = 1 \quad (4.42)$$

Silverman 和 Rao 等指出，P 族中不同核函数不会对减小积分均方误差产生明显影响，因此，如何选定合适的核函数可根据自身需要而定，如计算方便等。

核函数为高阶函数族 H_s，即其中核函数 $K(x)$ 满足

$$K(-x) = K(x); \quad \int K(x)\,\mathrm{d}x = 1 \quad \sup|K(x)| \leqslant A < \infty$$

$$(4.43)$$

$$\int x^i K(x)\,\mathrm{d}x = 0, \ 1, \ 2, \ \cdots, \ s-1, \ s \quad (4.44)$$

$$\int x^s K(x)\,\mathrm{d}x \neq 0, \quad \int x^s |K(x)|\,\mathrm{d}x < \infty \quad (4.45)$$

表 4.2 给出了常用的核函数表达式。

表 4.2　常用核函数

Tab. 4.2　Common Kernel functions

名称	Parzen 窗	三角	Epanechikow	四次
表达式	$1/2I(|u| \leqslant 1)$	$(1-|u|)I(|u| \leqslant 1)$	$3/4\,(1-u^2)I(|u| \leqslant 1)$	$15/16(1-u^4)I(|u| \leqslant 1)$

名称	三权	高斯	余弦	指数
表达式	$35/32\,(1-u^2)^3 I(|u| \leqslant 1)$	$1/(2\pi)^{1/2}\exp(-0.5u^2)$	$\pi/4\,\cos(\pi u/2)I(|u| \leqslant 1)$	$\exp(|u|)$

（2）窗宽的选取　窗宽的选择一般可分为固定窗宽和变窗宽[60]。窗宽 h 的选择与 n 有关，太大或者太小都不好，但目前尚无明确的优选准则。如 h 取值过小，会增加随机性的影响，使 f 呈现极不规则的形状，可能会掩盖 f 的一些重要特性。反之，如 h 过大，则 f_n 被过度平均化，使得 f 比较细致的性质不能被显示出来[146]。理论上说，当 $n \to \infty$ 时，要求 $h \to 0$，但 $nh \to \infty$。对固定的 n、h 的选择可根据具体情况和经验试算几个值，从中选择一个较为满意的结果，或可先给定初始值 $h = \dfrac{1}{\sqrt{n}}$ 进行试算[149]。

4.3 概率密度演化法

由于非线性与随机性的耦合作用，实际工程结构的非线性响应难以精确预测。对此，李杰及陈建兵等[150-151]基于工程结构非线性系统的研究困境，对概率守恒原理进行深入剖析，根据概率守恒原理的随机事件描述与解耦的物理方程，发展了一类概率密度演化理论，并建立了广义概率密度演化方程。通过数值求解概率密度演化方程，即可获得包含系统中所有随机因素的结构响应概率密度函数。因此，近十多年来，概率密度演化法在系统随机反应分析、可靠度以及基于可靠度的控制方面，均取得了令人满意的研究进展。

考虑到洪水过程为随机过程，可将概率密度演化法应用到水文频率分析中。由于在采用概率密度演化法做水文频率分析时无须先给定洪水变量总体服从某一特定分布，并对分布中的参数进行求解，因此概率密度演化法本质上属于广义非参数法的一种。本节将分别介绍概率密度演化法原理、基于概率密度演化法的水文频率模型建立、模型求解及水文频率设计值的推求。

4.3.1 概率密度演化法原理介绍

设 m 维随机过程可以表述为[152-153]

$$X = H(\Theta, t), \quad X_l = H_l(\Theta, t) \tag{4.46}$$

其中，H 表示系统状态为参数向量 Θ 的函数；X_l、H_l 分别为 X、H 的第 l ($l=1, 2, \cdots, m$) 个分量，t 为时间。

根据概率相容条件，$X_l(t)$ 在 $\{\Theta = \theta\}$ 时有

$$\int_{-\infty}^{\infty} P_{X_l \mid \Theta}(x, t \mid \theta) \mathrm{d}x = 1 \tag{4.47}$$

式中，$P_{X_l \mid \Theta}(x, t \mid \theta)$ 为 $X_l(t)$ 在 $\{\Theta = \theta\}$ 时的条件概率密度函数。

由式（4.46）可知，当 $\{\Theta = \theta\}$ 时，$X_l = H_l(\theta, t)$，即在 $\{\Theta = \theta\}$ 条件下，$X_l = H_l(\theta, t)$ 以概率1成立。因此，其互斥事件 $X_l \neq H_l(\theta, t)$ 的概率（及其密度）必然为0。结合式（4.47）可推导出

$$P_{X_l \mid \Theta}(x, t \mid \theta) = \begin{cases} 0, & x \neq H_l(\theta, t) \\ \infty, & x = H_l(\theta, t) \end{cases} \tag{4.48}$$

观察可知，式（4.47）及式（4.48）满足 Dirac 函数的定义，因此可将其用 Dirac 函数综合表述为

$$P_{X_l \mid \Theta}(x, t \mid \theta) = \delta[x - H_l(\theta, t)] \tag{4.49}$$

其中，$\delta(\cdot)$ 为 Dirac 函数。

根据条件概率公式联合式（4.49），可推导出随机变量（$X_l(t)$，Θ）的联合概率密度函数

$$P_{X_l\Theta}(x, \theta, t) = P_{X_l \mid \Theta}(x, t \mid \theta)P_\Theta(\theta) = \delta[x - H_l(\theta, t)]P_\Theta(\theta) \tag{4.50}$$

对式（4.50）两边关于时间 t 求导，并应用复合函数的求导法则，可得

$$\frac{\partial P_{X_l\Theta}(x, \theta, t)}{\partial t} = P_\Theta(\theta)\frac{\partial\{\delta[x - H_l(\theta, t)]\}}{\partial t}$$
$$= P_\Theta(\theta)\left\{\frac{\partial[\delta(y)]}{\partial y}\right\}_{y = x - H_l(\theta, t)} \frac{\partial[x - H_l(\theta, t)]}{\partial t} \tag{4.51}$$

由于在复合函数微分中 θ、t 均为固定量，对 $y = x - H_l(\theta, t)$ 求偏导有 $dy = dx$，因此可用 ∂x 代替式（4.51）中的 ∂y，在此基础上结合式（4.49）有

$$\frac{\partial P_{X_l\Theta}(x, \theta, t)}{\partial t} = -P_\Theta(\theta)\frac{\partial\{\delta[x - H_l(\theta, t)]\}}{\partial x}\frac{\partial H_l(\theta, t)}{\partial t}$$
$$= -\frac{\partial\{\delta[x - H_l(\theta, t)]P_\Theta(\theta)\}}{\partial x}\frac{\partial H_l(\theta, t)}{\partial t}$$
$$= -\dot{H}_l(\theta, t)\frac{\partial P_{X_l\Theta}(x, \theta, t)}{\partial x} \tag{4.52}$$

即

$$\frac{\partial P_{X_l\Theta}(x,\ \theta,\ t)}{\partial t} + \dot{H}_l(\theta,\ t)\frac{\partial P_{X_l\Theta}(x,\ \theta,\ t)}{\partial x} = 0 \quad (4.53)$$

式 (4.53) 即为概率密度演化方程，由式 (4.50) 不难得到其初始条件为

$$P_{X_l\Theta}(x,\ \theta,\ t)\big|_{t=0} = \delta(x - x_{0,\,l})P_\Theta(\theta) \quad (4.54)$$

式中，$x_{0,\,l}$ 为 x_0 的第 l 个分量。

式 (4.53) 相应的边界条件为

$$P_{X_l\Theta}(x,\ \theta,\ t)\big|_{x\to\pm\infty} = 0 \quad (4.55)$$

由数值差分法求解式 (4.53) 至式 (4.55) 构成的偏微分方程初—边值问题，即可得到联合概率密度函数 $P_{X_l\Theta}(x,\ \theta,\ t)$。根据边缘函数与联合概率密度函数之间的关系，对 $P_{X_l\Theta}(x,\ \theta,\ t)$ 积分即可求出随机样本的概率密度函数 $P_{X_l}(x,\ t)$

$$P_{X_l}(x,\ t) = \int_{\Omega_\theta} P_{X_l\Theta}(x,\ \theta,\ t)\mathrm{d}\theta \quad (4.56)$$

其中，Ω_θ 为 Θ 的分布区域。

4.3.2　基于概率密度演化法的水文频率模型建立

在水文频率分析中，设 Z 为年最大洪峰流量，其样本值由水文站多年实测资料组成，记为 $(z_1,\ z_2,\ z_3,\ \cdots,\ z_n)$，其中 n 为样本容量。根据洪水的随机特性可知，年最大洪峰流量 Z 可以看作是关于 z 的一维静态随机过程。构造与其相关的一维动态随机样本过程 $X(t)$

$$X(t) = H(Z,\ t) = Z(z)\cdot t \quad (4.57)$$

则

$$Z(z) = X(t)\big|_{t=1} = H(Z,\ t)\big|_{t=1} \quad (4.58)$$

由式 (4.58) 可知，年最大洪峰流量 $Z(z)$ 为动态随机过程在 $t=1$ 时对应的值。若求解出随机过程 $X(t)$ 在该时刻的概率密

度函数，便可获得洪峰流量概率密度函数值，进而获得相应的概率分布值及洪峰频率曲线。

对比式（4.57）与式（4.46）能够看出，两者在形式上一致。因此可以得到与式（4.53）对应的（X，Z）的联合概率密度函数演化方程

$$\frac{\partial P_{XZ}(x,z,t)}{\partial t} + \dot{H}(z,t)\frac{\partial P_{XZ}(x,z,t)}{\partial x} = 0 \tag{4.59}$$

对式（4.59）关于 z 进行离散化并带入实测样本值，即可得到洪峰流量联合概率密度函数模型

$$\frac{\partial P_{XZ}(x,z_j,t)}{\partial t} + \dot{H}(z_j,t)\frac{\partial P_{XZ}(x,z_j,t)}{\partial x} = 0$$

$$(j=1,2,\cdots,n,0\leqslant t\leqslant 1) \tag{4.60}$$

考虑到实测年最大洪峰流量资料的获取属于独立随机试验，则在没有任何其他附加信息的情况下，实测年最大洪峰流量样本的概率如下

$$P_Z(z_j) = \frac{1}{n} \tag{4.61}$$

联合式（4.54）和式（4.61），则式（4.60）相应的初始条件为

$$P_{XZ}(x,z,t)\Big|_{t=0} = \delta(x-x_0)P_Z(z_j) = \delta(x-x_0)\frac{1}{n} \tag{4.62}$$

其中，x_0 为年最大洪峰流量样本初始值。考虑到年最大洪峰流量为大于零的数值，因此计算时年最大洪峰流量样本初始值可取为介于零与实测样本最小值之间的数。

根据计算经验，文献［154］推荐 H（z，t）取如下形式

$$H(z,t) = z\sin(2.5\pi t) \tag{4.63}$$

则式（4.60）洪峰流量概率密度函数模型中的速度函数离散形式为

$$\dot{H}(z_j,t) = z_j\cos(2.5\pi t)\cdot 2.5\pi \tag{4.64}$$

4.3.3 模型求解及水文频率设计值的推求

式（4.60）属于一维变系数对流方程，可以采用多种有限差分方法对其进行求解。根据以往数值实验，选用单边差分格式即可取得较为满意的计算精度。考虑到速度函数的符号会随着时间 t 的变化而变化，因此本文选取具有方向自适应性质的单边差分格式。通过该差分格式可将式（4.60）离散成为以下形式求解

$$P_{j,m+1} = (1 - |h_{m+1}r_L|)p_{j,m} + \frac{1}{2}(h_{m+1}r_L +$$

$$|h_{m+1}r_L|)p_{j-1,m} - \frac{1}{2}(h_{m+1}r_L - |h_{m+1}r_L|)p_{j+1,m}$$

$$(4.65)$$

$$h_{m+1} = \frac{1}{2}(\dot{H}(z_j,t_m) + \dot{H}(z_j,t_{m+1})) \qquad (4.66)$$

式中，$P_{j,m+1}$ 表示 XZ 的联合概率密度函数 $P_{XZ}(x_i, z_j, t_{m+1})$，$x_i = i\triangle x$ $(i=0, \pm1, \pm2, \cdots)$，$t_m = m\triangle t$ $(m=0, 1, 2, \cdots)$，$\triangle x$、$\triangle t$ 分别为样本空间方向和时间方向的离散步长，r_L 为离散步长 $\triangle t$ 与 $\triangle x$ 的比值。

为保证计算结果的收敛性，式（4.65）的差分格式必须满足如下的步长定律

$$|h_{m+1}r_L| \leqslant 1, \qquad \forall m = 0, 1, 2, \cdots h \qquad (4.67)$$

在选定有限差分格式的基础上，基于概率密度演化方法计算洪峰流量频率值可分为以下几个步骤。

（1）确定时、空离散步长 $\triangle t$ 及 $\triangle x$，并计算速度函数及初始条件值 采用试算法根据式（4.67）选取适当的 $\triangle t$ 及 $\triangle x$。为计算动态随机过程在时刻 1 时的对应值，将时间轴 t 在实值区间 $[0, 1]$ 内离散，记为 t_m，$m=0, 1, 2, \cdots$，将 t_m 代入式（4.64）即可计算出速度函数值。对空间轴相应的实值区间进行离散，记离散向量

为 x_i，则初始条件式（4.62）对应的离散格式为

$$P_{XZ}(x_i, z_j, t_0) = \begin{cases} \dfrac{1}{|\Delta x| n} & i = 0 \\ 0 & i \neq 0 \end{cases} \qquad (4.68)$$

（2）采用式（4.65）的差分格式求解方程（4.60）得到 $t = 1$ 时刻的离散联合概率密度函数值 $P_{XZ}(x_i, z_j, t_m)$。

（3）根据式（4.56），采用如下表达式对离散向量 z_j 做相应的数值积分 即可得到概率密度函数值。

$$P_Z(z) = P_X(x, t)\big|_{t=1} = \sum_{j=1}^{n} P_{XZ}(x_i, z_j, t)\big|_{t=1} \qquad (4.69)$$

（4）由年最大洪峰流量概率密度函数值推求洪峰流量频率值

首先，为使最终计算出的洪峰流量频率值更加精确，对式（4.69）计算出的洪峰流量概率密度函数做 3 次样条插值计算；其次，应用梯形法计算插值后的洪峰流量概率密度函数曲线相邻两个节点之间的面积值；最后，按照洪峰流量从大到小的次序计算累计面积值，即可得到洪峰流量频率值。基于概率密度演化法计算洪峰流量频率曲线的流程图如图 4.1 所示。

4.4 小结

本部分介绍了水文频率分析参数法及非参数法常用方法的原理、计算方法等相关理论，并提出了一种新的水文频率分析方法——概率密度演化法。在对其原理进行介绍的基础上，建立了水文频率分析模型，并给出了模型求解及水文频率设计值推求的具体方法。本部分所提出的方法为接下来的实例分析奠定了理论基础。

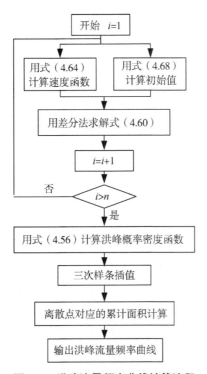

图 4.1　洪峰流量频率曲线计算流程

Fig. 4. 1　Calculation flowchart of frequency curve of peak flow

基于概率密度演化法的水文频率分析

在采用概率密度演化法做水文频率分析时，不需要假设样本总体服从某一特定分布，所以从本质而言，其属于广义的非参数方法，解决了水文频率分析参数法的线型限制问题。此外，利用该方法将实测数据带入所建模型后，可直接通过有限差分法对模型进行数值求解。同非参数统计法相比，避免了复杂的核函数及窗宽选取问题，具有计算方便、可操作性强的优势，因此，其更易于实际应用。本部分运用统计试验方法（蒙特卡罗法）验证了概率密度演化法的鲁棒性。在此基础上，应用概率密度演化法分析计算了水文频率设计值，并将计算结果与参数模型的相应计算结果相比较，验证了概率密度演化法在水文频率计算中的可行性，并将其应用在石门水库及嫩江大赉水文站的年最大洪水频率分析中，进一步对基于概率密度演化法的水文频率分析模型的拟合优度进行了分析。

5.1 基于概率密度演化法的水文频率模型鲁棒性分析

鲁棒性（Robustness）分析是对评价方法和指标解释能力强壮性的考察，换言之，当改变某些参数时，所采用评价方法和指标是否仍然对评价结果保持比较一致且稳定的解释。如果改变某个特定的参数，通过进行重复的实验，发现实证结果随着参数设定的改变而发生了变化，则说明鲁棒性较差或者不具有鲁棒性，反之则鲁棒性较好。

　　在水文频率分析过程中，当基本假设中的某些条件由于各种原因与实际不符时（如给定的假设总体分布与实际不符、选取的参数不够恰当等），必然会对相应统计方法的优良性产生影响。然而，如果在基本假设发生变异的情况下，估计方法仍能很好地执行，则称该方法具有良好的鲁棒性[155]。本节采用蒙特卡罗方法对所提出的基于概率密度演化法水文频率分析模型的鲁棒性进行了验证，由于 2.4.6 节对蒙特卡罗法已进行了详细介绍，在此不再赘述。

5.1.1　统计试验研究途径

　　首先，以水文频率分析中常用的分布线型作为理论总体分布，给定总体参数，采用蒙特卡罗方法生成多组符合给定分布的随机数。随后，以生成随机数作为样本资料，分别采用概率密度演化法及参数法推求各种设计频率的设计值，并将其与真值进行比较，根据无偏性与有效性确定评判准则，以此来分析概率密度演化法的鲁棒性。

　　由于天然河流的实测水文资料比较短（一般少于 60 年），因此，小样本的统计试验研究才具有实际的水文意义。本次统计试验采用了水文中常用的两个总体分布，分析计算了 3 组样本、4 组总体参数，共计 144 种方案，具体如下。

　　（1）总体分布　P–Ⅲ分布，LN 分布。

　　（2）估计方法　概率密度演化法、参数法。

　　（3）样本容量　$n=30$，$n=50$。

　　（4）设计频率　$p_1=0.02$，$p_2=0.01$，$p_3=0.001$。

　　（5）总体参数　如表 5.1 所示。

　　（6）抽样次数　$m=50$。

　　（7）评价标准　设计值均值的相对误差，设计值对真值的相对均方误差分别如式（5.1）和式（5.2）所示。

设计值均值的相对误差

$$\omega\,(\%) = \frac{1}{x_p}\left|\frac{1}{m}\sum_{i=1}^{m}x_{pi}-x_p\right|\times100 \qquad (5.1)$$

相对均方误差

$$\delta\,(\%) = \frac{1}{x_p}\sqrt{\frac{\sum_{i=1}^{m}(x_{pi}-x_p)^2}{m}}\times100 \qquad (5.2)$$

式中，x_p 表示已知分布的设计频率 p 的真值，x_{pi} 为估计的设计频率 p 的设计值。

表 5.1　总体参数值
Tab. 5.1　The value of parent parameters

序号	$\overline{X}$	C_v	C_s
1	1 000	1.0	2.5
2	1 000	1	3
3	1 000	2	4
4	1 000	2.5	5

5.1.2　方案实施具体步骤

采用蒙特卡罗模拟验证基于概率密度演化法的水文频率模型的鲁棒性时，其具体分析步骤如下。

5.1.2.1　生成随机数

随机数是开展蒙特卡罗模拟的前提。生成服从特定分布的随机序列是蒙特卡罗模拟的基础工作。根据之前所述，本研究需要生成50组分别服从 P-Ⅲ分布及 LN 分布且长度 $n=30$ 的随机数序列，其相应的总体参数见表 5.1。

为得到服从 P-Ⅲ分布及 LN 分布的随机数，首先需要通过计算

机模拟出 $[0，1]$ 区间上均匀分布的随机变量。基于 Matlab 自带函数 rand $(m，n)$ 产生 $m×n$ 阶 $[0，1]$ 区间上均匀分布的随机数矩阵，以其作为生成其他分布的基础。然后，采用不同方法来生成服从所需特定分布的随机数，如生成服从 P-Ⅲ 分布随机数常采用舍选法及近似法。生成服从 LN 分布的随机数首先需要模拟出正态分布随机数，然后根据特定公式计算得到 LN 分布随机数，如生成 LN 分布随机数时常采用的方法有变换法及随机数之和法。本文分别采用舍选法及变换法生成 P-Ⅲ 分布随机数及 LN 分布随机数，其具体模拟方法如下。

（1）舍选法生成 P-Ⅲ 分布随机数　将表 5.1 中给出的总体参数 $\overline{X}$、C_v 和 C_s 代入下式中，由此求出相应的位置参数 a_0，尺度参数 β 和形状参数 a

$$\left.\begin{array}{l} a_0 = \overline{X}\left(1 - \dfrac{2Cv}{Cs}\right) \\[3mm] \beta = \dfrac{2}{\overline{X}CvCs} \\[3mm] \alpha = \dfrac{4}{Cs^2} \end{array}\right\} \qquad (5.3)$$

计算出 a_0、β 和 α 后则可根据式（5.4）模拟计算出符合 P-Ⅲ 分布的随机数 X_t（$t=1，2，\cdots，n$）。

$$X_t = a_0 + \frac{1}{\beta}\left(-\sum_{k=1}^{a'} \ln u_k - B_t \ln u_t\right) \qquad (5.4)$$

式中，α' 为等于或者小于 α 的最大整数（如当 $\alpha = 5.29$ 时，$\alpha' = 5$；$\alpha < 1$ 时，$\alpha' = 0$）；u_k、u_t 为 $[0，1]$ 上的均匀分布随机数，B_t 计算方式如下

$$B_t = \frac{u_1^{\frac{1}{\alpha}}}{u_1^{\frac{1}{\alpha}} + u_2^{\frac{1}{\alpha}}} \qquad (5.5)$$

其中，u_1、u_2 为一组新生成的 $[0，1]$ 上均匀分布随机数；

$r=\alpha-\alpha'$，$s=1-r$。

在采用式（5.5）计算 B_t 时必须满足如下条件

$$u_1^{\frac{1}{r}} + u_2^{\frac{1}{s}} \leqslant 1 \tag{5.6}$$

若式（5.6）不满足，则舍去 u_1 和 u_2，并重新生成一组 [0，1] 上均匀分布的随机数 u_3 和 u_4 来代替 u_1 和 u_2，直至不等式（5.6）满足为止。条件式（5.6）是衡量所生成的随机数是否满足 P-Ⅲ分布的标准，符合条件则保留下来，否则舍去。因此，条件（5.6）是舍选法生成 P-Ⅲ分布随机数过程中关键的一步，也是该方法的名称来由。

舍选法生成服从 P-Ⅲ分布随机数的具体过程及步骤如图 5.1 所示。

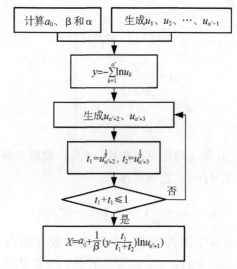

图 5.1 舍选法模拟服从 P-Ⅲ分布随机数的流程

Fig. 5.1 Flowchart of simulating random numbers obeying P-Ⅲ distribution by acceptance-rejection method

（2）变换法生成 LN 分布随机数 设 u_1、u_2 为一组 [0，1]

上的均匀分布随机数，对其做下列变换

$$\left.\begin{array}{l} \xi_1 = \sqrt{-2\ln u_1}\cos 2\pi u_2 \\ \xi_2 = \sqrt{-2\ln u_1}\sin 2\pi u_2 \end{array}\right\} \tag{5.7}$$

式中，ξ_1、ξ_2 为服从标准正态分布 N（0，1），且相互独立的随机变量。

根据式（5.7），可由 t 个服从 [0，1] 均匀分布随机数 u_t 模拟出服从标准正态分布的随机变量 ξ_t。在此基础上，通过式（5.8）可推导出正态分布随机数系列 Y_t

$$Y_t = \overline{Y} + \sigma \xi_t \quad (t = 1, 2, \cdots) \tag{5.8}$$

式中，$\overline{Y}$ 及 σ 分别为正态分布随机系列 Y_t 的均值和均方差。

根据正态分布随机变量 Y 与 LN 分布随机变量 X 之间的关系

$$Y = \ln(X - a) \tag{5.9}$$

有

$$X = \exp(Y) + a \tag{5.10}$$

由式（5.10）及式（5.8）可知，为模拟出服从 LN 分布的随机变量 X，则需要估计出 a、$\overline{Y}$ 及 σ 三个参数。

在模拟的 LN 随机分布三参数 $\overline{X}$、C_v 和 C_s 已知时，可根据其推求出 a、$\overline{Y}$ 及 σ，具体计算公式如下

$$\left.\begin{array}{l} \eta = \left[\dfrac{\sqrt{Cs^2 + 4} + Cs}{2}\right]^{\frac{1}{3}} - \left[\dfrac{\sqrt{Cs^2 + 4} - Cs}{2}\right]^{\frac{1}{3}} \\ a = \overline{X}\left(1 - \dfrac{Cv}{\eta}\right) \\ \sigma_Y = \sqrt{\ln(1 + \eta^2)} \\ \overline{Y} = \ln(\overline{X} - a) - \dfrac{1}{2}\ln(1 + \eta^2) \end{array}\right\} \tag{5.11}$$

总结以上步骤，可知采用变换法生成服从 LN 分布的随机数的流程如图 5.2 所示。

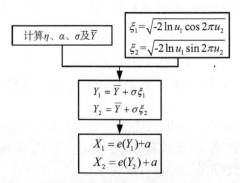

图 5.2 变换法生成服从 LN 分布随机数的流程

Fig. 5. 2 Flowchart of generating random numbers obeying lognormal distribution by transformation method

5.1.2.2 计算设计频率对应的真值 x_p

分别计算出不同分布的设计频率所对应的真值，为评判不同方法计算所得的设计值优劣奠定基础。

（1）P-Ⅲ分布设计频率对应的真值计算

由参考文献［156］可知

$$x_p = \bar{x}(1 + C_v \Phi_p) \tag{5.12}$$

其中，$\bar{x}$ 为均值，Φ_p 为离均系数。

结合式（5.12）及文献［135］中的附表——P-Ⅲ频率曲线的离均系数 Φ_p 值表，可得不同设计频率 p 对应的真值 x_p。例如，当总体参数取表 5.1 中的序号 1 相应值时，根据 P-Ⅲ频率曲线的离均系数 Φ_p 值表，可知对应的 $\Phi_{2\%} = 3.04$，$\Phi_{1\%} = 3.85$，$\Phi_{0.1\%} = 6.55$。将其代入式（5.12）有

$$x_{2\%} = \bar{x}(1 + C_v \Phi_p) = 1\ 000 * (1 + 1 * 3.04) = 4\ 040$$

$$x_{1\%} = 1\ 000 * (1 + 1 * 3.85) = 4\ 850$$

$$x_{0.1\%} = 1\ 000 * (1 + 1 * 6.55) = 7\ 550$$

同理可得表 5.1 中其他组总体参数的相应计算结果。而当

P-Ⅲ分布总体的参数取表5.1中其他组给定值时，则可以获得不同
设计频率对应的真值计算结果。

（2）LN 分布设计频率对应的真值计算　若要得到 LN 分布设
计频率对应的真值，则需先求出相应的正态分布计频率对应的真
值，然后根据 LN 分布与正态分布之间的关系式得到所需的计算
结果。

当随机变量总体服从 LN 分布时，根据其总体参数值（如表
5.1）及式（5.11）可以推导出相应的正态分布参数值 a、$\overline{Y}$ 及 σ。

根据正态分布的性质可知：

$$P(Y < y) = F(y) = \Phi(\frac{y - \mu}{\sigma}) \qquad (5.13)$$

则

$$P(Y \geq y) = 1 - P(Y < y) = 1 - \Phi(\frac{y - \mu}{\sigma}) \qquad (5.14)$$

当设计频率 $P = 1\%$ 时，$1 - \Phi(\frac{y_{1\%} - \overline{Y}}{\sigma}) = 0.01$，即

$\Phi(\frac{y_{1\%} - \overline{Y}}{\sigma}) = 0.99$。由文献［157］附表——标准正态分布数值表，

可查出 $\frac{y_{1\%} - \overline{Y}}{\sigma} = 2.325$，因此

$$y_{1\%} = \overline{Y} + \sigma \times 2.325 \qquad (5.15)$$

将 $y_{1\%}$ 代入式（5.10），可得当设计频率 $P=1\%$ 时相应的 LN 分
布真值 $x_{0.1\%}$。取 LN 分布参数为表5.1中序号1所示值时，有 $x_{1\%} = 4899.4$。当参数 P 的取值分别为 2% 及 0.1% 时，则可分别计算出
其相应真值 $x_{2\%} = 3913.1$ 及 $x_{0.1\%} = 9301.6$。同理，当 LN 分布总体
的参数取表5.1中其他组给定值时，可得不同设计频率对应的真值
计算结果。

5.1.2.3 采用概率密度演化法计算设计频率对应的设计值

采用概率密度演化法计算所生成的随机序列在设计频率 p 分别为 2%、1%及 0.1%时对应的设计值 x_p。

5.1.2.4 采用参数法计算设计频率对应的设计值

对所生成的随机序列，采用参数法计算相应设计频率对应的设计值，并以此作为概率密度演化法计算结果的对比。由于参数法发展较早，且已有很多比较成熟的计算软件可供选择，因此本文采用武汉大学提出的频率分析软件来进行参数法频率分析。对于生成的随机样本，在分析中分别假设其服从 P–Ⅲ和正态分布，计算其在设计频率 p 分别为 2%、1%及 0.1%时对应的设计值 x_p。

5.1.2.5 误差值计算

根据式（5.1）和式（5.2），计算随机数长度为 n 的设计值均值的相对误差及设计值对真值的相对均方误差。

5.1.2.6 改变所生成的随机数长度

取 $n=50$，重复步骤（1）至步骤（5），观察不同样本长度对计算结果的影响。

5.1.3 估计方法的误差分析

上述统计试验的 144 种方案的计算结果见表 5.2 至表 5.7。

5.1.3.1 理论总体为 LN 分布

当理论总体为对数 P–Ⅲ型总体分布时，分别采用以下 3 种方法进行设计值计算：①假定其生成的系列来自 LN 分布，采用适线法（CFM）对其设计值进行估计；②认为其生成的系列来自 P–Ⅲ

型总体，采用适线法对其设计值进行估计；③采用概率密度演化法对其设计值进行估计。3 种方法计算结果见表 5.2 至表 5.4，从表中可看出：

（1）当实际总体为 LN 分布　用同为 LN 的假设分布去估计该总体的设计值时，由于假设总体分布与实际总体分布相一致，因此，$p=2\%$、$p=1\%$ 及 $p=0.1\%$ 时的相对误差均较小，一般低于 5%；$p=2\%$ 时的相对均方差低于 25%，$p=1\%$ 时的相对均方差同样小于 25%，而 $p=0.1\%$ 时一般低于 30%。

（2）当实际总体为 LN 分布　而用 P-Ⅲ型分布做适线法拟合实际总体分布时，$p=2\%$ 时的相对误差不高于 18%，相对均方差不高于 50%；$p=1\%$ 时的相对误差一般不高于 24%，相对均方差则不高于 50%；而 $p=0.1\%$ 时的相对误差及相对均方差均比较大。其中，相对误差基本都在 21% 以上，个别甚至接近 50%，而相对均方差值均大于 37%，部分数值则达到了 73%。

（3）当采用概率密度演化法估计设计值时　$p=2\%$、$p=1\%$ 和 $p=0.1\%$ 时的相对误差和相对均方差一般均小于上述第二种情况，但大于第一种情况。$p=2\%$ 时的相对误差一般不高于 13%，相对均方差不超过 35%；$p=1\%$ 时的相对误差通常不高于 14%，相对均方差控制在 37% 以内；$p=0.1\%$ 时的相对误差不高于 26%，相对均方差不超过 46%。

5.1.3.2 理论总体为 P-Ⅲ型分布

当理论总体为 P-Ⅲ型总体分布，分别采用以下 3 种方法进行设计值计算：①认为其生成的系列来自 P-Ⅲ型总体分布，采用适线法对其设计值进行估计；②假定其生成的系列来自 LN 分布，采用适线法对其设计值进行估计；③采用概率密度演化法对其设计值进行估计。3 种方法计算结果见表 5.5 至表 5.7，观察表 5.5 至表 5.7 可知：

（1）假设样本来自 P-Ⅲ型分布　用该分布拟合实际总体与其

一致的 P-Ⅲ 型分布的样本序列时，设计值均值对应总体值的相对误差及均方差均较小。设计频率为 $p=2\%$、$p=1\%$ 和 $p=0.1\%$ 时，相对误差均低于 5%；$p=2\%$ 时相对均方差一般小于 22%，$p=1\%$ 时相对均方差一般在 26% 以内，$p=0.1\%$ 时相对均方差一般不超过 34%。

（2）若假设样本来自 LN 型分布　用其计算实际总体为 P-Ⅲ 型分布的设计值。$p=2\%$ 时相对误差一般不高于 15%，相对均方差一般不超过 40%；$p=1\%$ 时相对误差一般在 20% 以内，相对均方差不超过 42%；$p=0.1\%$ 时相对误差的起伏较大，部分接近 42%；相对均方差则有少数接近 60%，且一般均在 32% 以上。对比假设样本总体与实际总体相符合时的计算结果可以看出，设计值均值的相对误差和相对均方误差均大幅增加，且稳定性较差。

（3）由于概率密度演化法不需要假设总体分布　采用该法拟合实际总体为 P-Ⅲ 型分布与拟合实际总体为 LN 型分布的结果相近。$p=2\%$、$p=1\%$ 和 $p=0.1\%$ 时的相对误差和相对均方差一般介于上述第一种和第二种之间。$p=2\%$ 时的相对误差一般不高于 11%，相对均方差不超过 34%；$p=1\%$ 时的相对误差一般在 15% 以内，相对均方差不大于 36%；$p=0.1\%$ 时的相对误差不超过 36%，相对均方差不高于 53%。

综上所述，无论实际总体是 LN 型分布还是 P-Ⅲ 型分布，根据其生成的样本系列采用概率密度演化法计算得到的相对误差及相对均方差计算结果变化不大，这说明基于概率密度演化法的水文频率分析模型具有较好的鲁棒性。此外，该模型的相对误差及相对均方差计算结果明显优于假设总体与实际总体的类型不一致时的参数法计算结果，但逊色于假设总体与实际总体的类型一致时的参数法计算结果，这表明概率密度演化法虽然是一种合理的方法，但也是一种相对保守的方法。在做水文频率分析时，可采用概率密度演化法作为参数法计算结果的参考。通过进一步观察可以发现，在设计频率相对较大时概率密度演化法计算结果相对较好，反之则较差，这意味着该方法具有一般非参数法的缺陷，即外延性较差，其更适合于分析含有较大历史洪水资料时的样本系列水文频率，或估计设计频率较小时的水文频率设计值。

表 5.2　理论总体为 LN 分布的计算结果（$p=2\%$，$\overline{X}=1\,000$）

Tab. 5.2　The calculation results with theoretical population of Log Normal distribution（$p=2\%$，$\overline{X}=1\,000$）

序号	总体参数	样本长度	估计方法/线型	真值	设计值均值	相对均方误差 δ（%）	设计值均值的相对误差 ω（%）
1			LN	3 913.10	3 803.98	23.42	2.79
2		30	P-Ⅲ	3 913.10	3 790.98	32.95	3.12
3	$C_v=1$		PDEM	3 913.10	4 022.49	26.45	2.80
4	$C_s=2.5$		LN	3 913.10	3 944.03	21.35	0.79
5		50	P-Ⅲ	3 913.10	3 548.23	39.85	9.32
6			PDEM	3 913.10	4 161.22	24.19	6.34
7			LN	4 093.40	3 940.18	23.93	3.74
8		30	P-Ⅲ	4 093.40	3 380.85	41.92	17.41
9	$C_v=1$		PDEM	4 093.40	3 685.51	34.98	9.98
10	$C_s=3$		LN	4 093.40	3 985.25	20.97	2.64
11		50	P-Ⅲ	4 093.40	3 449.12	35.13	15.74
12			PDEM	4 093.40	4 262.01	27.46	4.12
13			LN	6 063.80	5 886.10	24.79	2.93
14		30	P-Ⅲ	6 063.80	6 568.50	43.06	8.32
15	$C_v=2$		PDEM	6 063.75	6 468.00	29.21	6.67
16	$C_s=4$		LN	6 063.80	5 879.70	22.41	3.04
17		50	P-Ⅲ	6 063.80	5 151.75	45.09	15.04
18			PDEM	6 063.75	6 797.37	28.62	12.10
19			LN	6 698.40	6 875.62	18.29	2.65
20		30	P-Ⅲ	6 698.40	5 654.24	44.82	15.59
21	$C_v=2.5$		PDEM	6 698.42	7 196.04	31.69	7.43
22	$C_s=5$		LN	6 698.40	6 672.31	13.87	0.39
23		50	P-Ⅲ	6 698.40	5 595.86	49.56	16.46
24			PDEM	6 698.42	7 307.51	19.11	9.09

表 5.3　理论总体为 LN 分布的计算结果（$p=1\%$, $\overline{X}=1\,000$）

Tab. 5.3　The calculation results with theoretical population of

Log Normal distribution（$p=1\%$, $\overline{X}=1\,000$）

序号	总体参数	样本长度	估计方法/线型	真值	设计值均值	相对均方误差 δ（%）	设计值均值的相对误差 ω（%）
25			LN	4 899.40	4 848.07	18.97	1.05
26		30	P-Ⅲ	4 899.40	4 702.13	35.39	4.03
27	$C_v=1$		PDEM	4 899.40	4 713.69	27.90	3.79
28	$C_s=2.5$		LN	4 899.40	4 853.23	17.35	0.94
29		50	P-Ⅲ	4 899.40	4 234.30	36.02	13.58
30			PDEM	4 899.40	4 442.61	28.92	9.32
31			LN	5 079.70	4 896.24	24.73	3.61
32		30	P-Ⅲ	5 079.70	4 006.95	37.33	21.12
33	$C_v=1$		PDEM	5 079.70	4 416.54	34.90	13.96
34	$C_s=3$		LN	5 079.70	4 832.66	24.21	4.86
35		50	P-Ⅲ	5 079.70	4 613.05	29.90	9.19
36			PDEM	5 079.70	5 169.09	29.37	1.76
37			LN	8 540.80	8 424.03	15.62	1.37
38		30	P-Ⅲ	8 540.80	8 994.98	37.83	5.32
39	$C_v=2$		PDEM	8 540.85	8 944.98	36.21	4.73
40	$C_s=4$		LN	8 540.80	8 206.87	24.12	3.91
41		50	P-Ⅲ	8 540.80	7 016.87	49.62	17.84
42			PDEM	8 540.85	7 806.87	34.83	8.59
43			LN	9 795.20	9 686.78	20.04	1.11
44		30	P-Ⅲ	9 795.20	7 517.21	48.70	23.26
45	$C_v=2.5$		PDEM	9 795.19	8 829.59	36.55	9.86
46	$C_s=5$		LN	9 795.20	9 793.37	12.57	0.02
47		50	P-Ⅲ	9 795.20	9 028.02	49.74	7.83
48			PDEM	9 795.19	10 340.84	29.90	5.57

表 5.4 理论总体为 LN 分布的计算结果 ($p = 0.1\%$, $\overline{X} = 1\,000$)

Tab. 5.4 The calculation results with theoretical population of

Log Normal distribution ($p = 0.1\%$, $\overline{X} = 1\,000$)

序号	总体参数	样本长度	估计方法/线型	真值	设计值均值	相对均方误差 δ (%)	设计值均值的相对误差 ω (%)
49			LN	9 301.60	8 855.61	27.71	4.79
50		30	P-Ⅲ	9 301.60	7 116.56	49.90	23.49
51	$C_v = 1$		PDEM	9 301.60	7 173.49	40.76	22.88
52	$C_s = 2.5$		LN	9 301.60	8 913.09	29.38	4.18
53		50	P-Ⅲ	9 301.60	6 569.11	37.08	29.38
54			PDEM	9 301.60	7 233.21	30.74	22.24
55			LN	9 481.90	9 303.07	16.92	1.89
56		30	P-Ⅲ	9 481.90	6 133.64	45.32	35.31
57	$C_v = 1$		PDEM	9 481.90	7 860.50	35.43	17.10
58	$C_s = 3$		LN	9 481.90	9 109.97	24.43	3.92
59		50	P-Ⅲ	9 481.90	7 452.99	39.52	21.40
60			PDEM	9 481.90	7 844.21	35.47	17.27
61			LN	22 685.00	21 579.82	15.00	4.87
62		30	P-Ⅲ	22 685.00	15 651.47	42.57	31.01
63	$C_v = 2$		PDEM	22 685.14	16 936.96	41.47	25.34
64	$C_s = 4$		LN	22 685.00	21 862.43	19.75	3.63
65		50	P-Ⅲ	22 685.00	14 435.22	57.48	36.37
66			PDEM	22 685.14	19 858.22	43.31	12.46
67			LN	28 952.00	28 393.21	15.26	1.93
68		30	P-Ⅲ	28 952.00	14 508.43	61.54	49.89
69	$C_v = 2.5$		PDEM	28 952.35	22 529.59	43.48	22.18
70	$C_s = 5$		LN	28 952.00	28 010.40	21.24	3.25
71		50	P-Ⅲ	28 952.00	18 046.43	73.01	37.67
72			PDEM	28 952.35	22 775.07	45.05	21.34

表 5.5 理论总体为 P-Ⅲ型分布的计算结果 ($p = 2\%$, $\overline{X} = 1\,000$)

Tab. 5.5 The calculation results with theoretical population of

Pearson Type Ⅲ distribution ($p = 2\%$, $\overline{X} = 1\,000$)

序号	总体参数	样本长度	估计方法/线型	真值	设计值均值	相对均方误差 δ (%)	设计值均值的相对误差 ω (%)
73			LN	4 040.00	3 540.66	28.41	12.36
74		30	P-Ⅲ	4 040.00	3 958.70	14.88	2.01
75	$C_v = 1$		PDEM	4 040.00	3 926.20	17.74	2.82
76	$C_s = 2.5$		LN	4 040.00	3 731.31	21.31	7.64
77		50	P-Ⅲ	4 040.00	3 925.12	16.94	2.84
78			PDEM	4 040.00	4 076.80	17.71	0.91
79			LN	4 150.00	3 743.60	35.75	9.79
80		30	P-Ⅲ	4 150.00	3 990.55	21.41	3.84
81	$C_v = 1$		PDEM	4 150.00	3 967.60	26.50	4.40
82	$C_s = 3$		LN	4 150.00	3 860.73	21.44	6.97
83		50	P-Ⅲ	4 150.00	4 088.60	12.98	1.48
84			PDEM	4 150.00	4 372.20	21.08	5.35
85			LN	7 540.00	6 641.99	38.84	11.91
86		30	P-Ⅲ	7 540.00	7 258.60	17.80	3.73
87	$C_v = 2$		PDEM	7 540.00	7 045.80	16.75	6.55
88	$C_s = 4$		LN	7 540.00	6 709.65	26.02	11.01
89		50	P-Ⅲ	7 540.00	7 242.35	12.15	3.95
90			PDEM	7 540.00	6 910.00	24.95	8.36
91			LN	9 250.00	7 927.40	39.30	14.30
92		30	P-Ⅲ	9 250.00	8 869.07	21.17	4.12
93	$C_v = 2.5$		PDEM	9 250.00	8 235.00	33.30	10.97
94	$C_s = 5$		LN	9 250.00	7 984.15	37.12	13.68
95		50	P-Ⅲ	9 250.00	8 990.26	14.17	2.81
96			PDEM	9 250.00	8 506.00	28.62	8.04

表 5.6 理论总体为 P-Ⅲ型分布的计算结果 ($p=1\%$, $\overline{X}=1\,000$)

Tab. 5.6 The calculation results with theoretical population of

Pearson Type Ⅲ distribution ($p=1\%$, $\overline{X}=1\,000$)

序号	总体参数	样本长度	估计方法/线型	真值	设计值均值	相对均方误差 δ (%)	设计值均值的相对误差 ω (%)
97			LN	4 850.00	4 413.16	30.85	9.01
98		30	P-Ⅲ	4 850.00	4 692.74	22.92	3.24
99	$C_v=1$		PDEM	4 850.00	4 468.80	27.90	7.86
100	$C_s=2.5$		LN	4 850.00	4 558.73	33.80	6.01
101		50	P-Ⅲ	4 850.00	4 625.53	25.41	4.63
102			PDEM	4 850.00	4 645.50	25.58	4.22
103			LN	5 050.00	4 612.93	37.74	8.65
104		30	P-Ⅲ	5 050.00	4 868.26	20.37	3.60
105	$C_v=1$		PDEM	5 050.00	4 714.50	29.83	6.64
106	$C_s=3$		LN	5 050.00	4 817.68	33.90	4.60
107		50	P-Ⅲ	5 050.00	4 983.37	16.78	1.32
108			PDEM	5 050.00	5 118.10	24.99	1.35
109			LN	9 740.00	8 426.13	41.17	13.49
110		30	P-Ⅲ	9 740.00	9 331.58	14.03	4.19
111	$C_v=2$		PDEM	9 740.00	8 854.10	28.66	9.10
112	$C_s=4$		LN	9 740.00	8 544.09	39.24	12.28
113		50	P-Ⅲ	9 740.00	9 375.67	15.88	3.74
114			PDEM	9 740.00	9 001.00	33.44	7.59
115			LN	12 425.00	9 999.31	40.65	19.52
116		30	P-Ⅲ	12 425.00	11 926.61	23.09	4.01
117	$C_v=2.5$		PDEM	12 425.00	10 593.00	35.43	14.74
118	$C_s=5$		LN	12 425.00	11 068.30	33.21	10.92
119		50	P-Ⅲ	12 425.00	13 040.55	23.96	4.95
120			PDEM	12 425.00	10 904.00	30.72	12.24

表 5.7 理论总体为 P-Ⅲ型分布的计算结果（$p = 0.1\%$, $\overline{X} = 1\,000$）

Tab. 5.7 The calculation results with theoretical population of

Pearson Type Ⅲ distribution（$p = 0.1\%$, $\overline{X} = 1\,000$）

序号	总体参数	样本长度	估计方法/线型	真值	设计值均值	相对均方误差 δ（%）	设计值均值的相对误差 ω（%）
121			LN	7 550.00	8 223.98	41.68	8.93
122		30	P-Ⅲ	7 550.00	7 203.92	27.36	4.58
123	$C_v = 1$		PDEM	7 550.00	6 994.40	35.74	7.36
124	$C_s = 2.5$		LN	7 550.00	8 707.87	34.92	15.34
125		50	P-Ⅲ	7 550.00	7 209.10	28.32	4.52
126			PDEM	7 550.00	6 578.20	30.05	12.87
127			LN	8 150.00	9 210.52	34.07	13.01
128		30	P-Ⅲ	8 150.00	8 332.58	20.40	2.24
129	$C_v = 1$		PDEM	8 150.00	6 782.30	45.15	16.88
130	$C_s = 3$		LN	8 150.00	9 196.92	32.97	12.85
131		50	P-Ⅲ	8 150.00	8 088.15	19.27	0.76
132			PDEM	8 150.00	6 980.30	34.94	14.35
133			LN	17 500.00	23 573.13	57.68	34.70
134		30	P-Ⅲ	17 500.00	16 942.33	27.90	3.19
135	$C_v = 2$		PDEM	17 500.00	12 387.10	40.51	29.22
136	$C_s = 4$		LN	17 500.00	21 967.14	42.67	25.53
137		50	P-Ⅲ	17 500.00	17 988.18	33.26	2.79
138			PDEM	17 500.00	13 121.00	40.10	25.02
139			LN	24 050.00	34 138.06	59.22	41.95
140		30	P-Ⅲ	24 050.00	22 891.66	20.00	4.82
141	$C_v = 2.5$		PDEM	24 050.00	15 631.00	52.90	35.01
142	$C_s = 5$		LN	24 050.00	33 998.78	53.40	41.37
143		50	P-Ⅲ	24 050.00	23 415.93	17.30	2.64
144			PDEM	24 050.00	15 780.00	40.96	34.39

注：表 5.2 至表 5.7 中，LN 表示对数正态型分布，P-Ⅲ 表示 Pearson-Ⅲ型分布，PDEM 表示概率密度演化法。

5.2 概率密度演化法在洪水频率分析中的应用

5.2.1 研究区域简介

对于概率密度演化法在洪水频率分析计算中的应用，本文分别选取我国东北地区嫩江大赉水文站及台湾地区石门水库作为研究区域，对其年最大洪峰流量（AMPD）频率进行了分析计算。

（1）嫩江大赉水文站　嫩江位于黑龙江省，是径流量和流域面积为我国第三大的内陆河——松花江上的最大支流。嫩江流域面积297 000km²，河道全长1 370km。嫩江流域气候冬季漫长且寒冷，夏季短而多降雨，其中6—9月的年降水量占全年的82%。位于嫩江下游的大赉水文站是嫩江下游流域的总控制站。根据大赉站1951—2004年共54年的最大洪峰流量观测数据（如表5.8所示），采用概率密度演化法计算其概率密度函数值及相应洪峰流量频率值。

表5.8　嫩江大赉水文站1951—2004年年最大洪峰流量（AMPD）观测值

Tab. 5.8 The measured data of annual maximum peak

discharge (AMPD) from Dalai hydrologic station

年份	AMPD (m³/s)	年份	AMPD (m³/s)	年份	AMPD (m³/s)	年份	AMPD (m³/s)	年份	AMPD (m³/s)
1951	3 760	1962	4 090	1973	2 410	1984	4 250	1995	1 610
1952	2 100	1963	3 470	1974	825	1985	2 500	1996	3 970
1953	4 750	1964	1 510	1975	1 270	1986	3 690	1997	2 100
1954	1 480	1965	2 980	1976	1 370	1987	1 980	1998	16 100
1955	3 200	1966	2 330	1977	1 770	1988	5 640	1999	1 890
1956	6 370	1967	1 410	1978	899	1989	5 280	2000	1 380
1957	7 790	1968	740	1979	588	1990	3 950	2001	1 160
1958	4 570	1969	8 810	1980	3 110	1991	6 370	2002	541
1959	2 920	1970	1 990	1981	2 950	1992	2 010	2003	4 590
1960	5 760	1971	1 400	1982	1 060	1993	5 780	2004	2 280
1961	3 130	1972	1 920	1983	3 860	1994	1 710		

（2）石门水库　石门水库是台湾主要水库之一，水源来自大汉溪中游。位于桃园县大溪镇、龙潭乡、复兴乡，与新竹县关西镇之间。石门水库于 1956 年 7 月开始兴建，于 1964 年 6 月完工。水库建设完毕后，具有农业灌溉、工业及生活供水、水力发电、防洪及观光等作用。其主要工程包括大坝、溢洪道、排洪隧道、电厂、后池及后池堰、石门大圳及桃园大圳进水口等结构物。

表 5.9　石门水库 1963—2000 年年最大洪峰流量（AMPD）观测值

Tab. 5.9　The measured data of annual maximum peak

discharge（AMPD）from Shimen Reservoir

年份	AMPD (m^3/s)	年份	AMPD (m^3/s)	年份	AMPD (m^3/s)	年份	AMPD (m^3/s)	年份	AMPD (m^3/s)
1963	3 141	1971	1 076.7	1979	616	1987	558.7	1995	83.1
1964	76.2	1972	1 436	1980	431.7	1988	198.7	1996	617.1
1965	340	1973	291.3	1981	440	1989	1 068.3	1997	808.9
1966	558.3	1974	266.3	1982	427.3	1990	812.3	1998	1 007
1967	338.3	1975	426.7	1983	162.2	1991	193	1999	89.1
1968	485.3	1976	702.7	1984	745.3	1992	721.3	2000	374
1969	875.7	1977	327.7	1985	969.7	1993	75		
1970	809	1978	209.7	1986	588	1994	773.8		

1963 年，即在石门水库完工的前一年，遭遇了台风 Gloria，导致台湾北部发生了严重的洪灾。为提高防洪标准，1985 年石门水库增建两个溢洪道，水库泄水能力从 10 000m^3/s 增加至 12 400m^3/s。该水库流域面积 763.4km²，其于 1964 年的有效蓄水量为 3.0912 亿 m³，然而，至 2007 年，其有效蓄水量将至 2.1963 亿 m³。表 5.9 给出了石门水库从 1963—2000 年年最大洪峰流量观测数据[158]。

5.2.2 计算模型

考虑到概率密度演化法本身属于一种广义的非参数法，并且传统非参数水文频率分析法具有复杂的核函数及窗宽选取问题，因此本文采用工程实际中常用的参数模型来对比分析概率密度演化法模型计算结果。

5.2.2.1 参数模型

利用参数法计算时，需要选取出适合的分布线型并对其参数进行估计。对于嫩江大赉水文站年最大洪峰流量实测资料，共采用 3 种拟合检验方法（Kolmogorov-Smirnov 检验、Anderson-Darling 检验及 Chi-Squared 检验）对水文频率分析中较为常用的 6 种分布类型曲线进行了分析，同时采用矩法对其参数进行估计，计算结果分别如表 5.10 和表 5.11 所示。由表 5.11 可知，Chi-Squared 检验计算结果与另外两种方法计算结果在统计序列上稍有不同，但排在前 4 位的分布类型是一致的，即对数 P-Ⅲ、LN、Gamma 及 P-Ⅲ分布，因此选取上述 4 种分布线型作为大赉水文站洪水频率分析参数法线型的代表。对于石门水库年最大洪峰流量实测资料，文献 [158]采用 Anderson-Darling 检验，挑选出比较适合的分布线型为对数 P-Ⅲ分布、LN 分布及 Gumbel 分布。

表 5.10　不同线型分布类型的参数估计值

Tab. 5.10　Estimated parameter values of different distribution types

分布类型	对数 P-Ⅲ	LN	Gamma	Weibull（3P）	P-Ⅲ	Gumbell
参数	α = 59 226 β = 0.003 γ = −163.820	δ = 0.699 μ = 7.842	α = 1.5753 β = 2 061.6	α = 1.114 β = 2 825.100 γ = 532.690	α = 3.822 β = 11 163 γ = −670.590	δ = 2017.500 μ = 2 083.100

表 5.11　拟合检验计算结果

Tab. 5.11　The calculation results of fitting tests

分布类型	Kolmogorov-Smirnov		Anderson Darling		Chi-Squared	
	统计值	排序	统计值	排序	统计值	排序
对数 P-Ⅲ	0.05926	1	0.15112	1	2.0105	3
LN	0.05946	2	0.15322	2	1.9993	2
Gamma	0.071	4	0.24718	4	1.6241	1
Weibull（3P）	0.07922	5	0.30986	5	2.9568	5
P-Ⅲ	0.06712	3	0.18459	3	2.0391	4
Gumbell	0.08153	6	0.37845	6	3.3128	6

5.2.2.2　概率密度演化法模型

采用概率密度演化法模型做洪水频率分析时，其求解步骤及设计值推求方法详见本文 4.3.3 节中所述，求解过程中相关参数的取值如下。

（1）嫩江大赉水文站　采用试算法可知，时间步长 Δt 取 0.0001s，空间步长 Δx 取 19.95m³/s 时满足不等式（4.67）。考虑到年最大洪峰流量值均为正数，因此，计算中初始样本值 x_0 可以选择为介于 0 和实测样本最小值之间的数。从表 5.8 可知，大赉水文站年最大洪峰流量最小值为 541m³/s。因此，本文取 $x_0 = 50$m³/s。同时，从表 5.8 还可看出，大赉水文站年最大洪峰流量最大值为 16 100m³/s，据此，可取其年最大洪峰流量计算区间为 50~20 000m³/s。

（2）石门水库　同嫩江大赉水文站计算参数的选取方法一致，采用概率密度演化法计算石门水库年最大洪峰流量设计值时，相应计算参数取值为：$\Delta t = 0.0002$s，$\Delta x = 7.98$m³/s，$x_0 = 10$m³/s，年最大洪峰流量计算区间为 10~4 000m³/s。

5.2.3　概率密度演化法模型与参数模型的对比分析

为进一步检验采用概率密度演化法进行水文频率分析的适用性，本文基于 Matlab 软件及水文频率分析软件，以两个研究区的年最大洪峰实测流量为样本资料，分别采用概率密度演化法模型及几种参数模型对其进行了分析，对比了模型设计洪峰流量的计算结果，如表 5.12 所示。

表 5.12　概率密度演化模型和参数模型设计洪峰流量计算结果

Tab. 5.12　The value of designed peak flow in PDEM and parametric model

测站	估计方法/线型	不同频率 P（%）时的洪峰流量值（m³/s）						
		0.1	0.2	0.5	1	2	5	10
大赛水文站	对数 P-Ⅲ	26 996.71	22 617.91	17 635.8	14 406.58	11 586.69	8 408.671	6 363.396
	LN	60 884.64	50 075	37 896.97	30 112.23	23 422.22	16 067.82	11 495.71
	Gamma	18 209.33	15 396.35	13 597.29	11 459.05	10 075.53	7 980.67	6 379.58
	P-Ⅲ	17 862.7	17 415.84	15 930.19	12 268.53	10 597.55	8 368.914	6 661.075
	PEDM	18 179.5	17 710.97	16 922.19	16 019.23	10 496.53	7 684.75	6 212.79
石门水库	对数 P-Ⅲ	8 444.55	6 711.94	4 869.995	3 759.014	2 849.545	1 902.527	1 344.109
	LN	4 720.595	4 021.93	3 200.854	2 651.14	2 157.827	1 584.505	1 204.275
	Gumbel	3 557.211	3 235.85	2 810.652	2 488.361	2 164.89	1 733.226	1 399.74
	PEDM	3 600.75	3 514.48	3 373.11	3 227.95	2 970.98	1 348.57	1 097.68

注：PEDM 表示概率密度演化法。

对比两种模型相应设计频率对应的洪峰流量设计值可知，在研究区域所有地区非参数密度变换模型计算结果与 P-Ⅲ分布模型计算结果相差不大，而在部分地区这两个模型计算结果均与对数 P-Ⅲ型分布模型计算结果形成了较大的差异。因此，可采用非参数密度变换模型作为参数方法的对比方法，用以检验参数估计方法的假设是否合理。

根据表 5.12 可知，在大赛水文站概率密度演化法计算结果与服从 P-Ⅲ分布的参数模型及服从 Gamma 分布的参数模型计算结果相差较小，而与另外两种参数模型差距相对较大；对于石门水库，概率密度演化法计算结果与服从 LN 分布的参数模型及服从 Gumbel 分布的参数模型计算结果相差较小。由于概率密度演化法不需要对总体分布进行假设，具有较好的鲁棒性，可以作为参数估计方法的对比方法，用以检验采用参数模型估计时其假设分布是否合理。通过与参数模型计算结果进行对比，可以挑选出最适合于所研究区域的参数模型分布类型。因此，从保守的角度出发，对比大贲水文站及石门水库与概率密度演化法计算结果相差较小的参数模型计算结果，可分别首选 P-Ⅲ分布参数模型及 LN 分布参数模型作为两个研究区域洪水频率分析计算结果。

5.2.4　概率密度演化法模型的拟合优度

为检验概率密度演化模型的拟合度，将其计算结果和几种参数法模型计算结果，以及根据实测资料得到的相关分析结果进行对比。

（1）洪峰流量概率密度函数计算结果与频率直方图的对比　如图 5.3、图 5.4 所示。

（2）洪峰流量频率值计算结果与经验频率计算结果的对比　如图 5.5、图 5.6 所示。

频率直方图的区间划分数目 k 根据文献［159］可取为

$$k = 1 + \log_2 n \tag{5.16}$$

其中，n 为样本总数。

通过观察图 5.3 及图 5.4 以发现，采用概率密度演化法计算出的年最大洪峰流量概率密度曲线虽然在局部区域稍有波动，但其在整体上均与直方图吻合较好。产生局部波动现象的主要原因是由于频率直方图区间划分数目较少，较大的区间宽度更多反映的是概率密度函数的大致趋势，洪峰流量概率密度函数的细节变化则被隐藏，因此计算结果比较粗糙。相比之下，由于在计算过程中采用了数值差分法，基于概率密度演化法得到的洪峰流量概率密度函数计算结果是由较多的数值组合而成，因此能更精细地显示出样本概率密度函数的整体趋势，以及所呈现的偏态性及非单峰性。

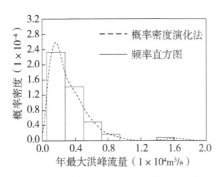

图 5.3　大赉水文站年最大洪峰流量概率密度曲线

Fig. 5. 3　Probability density curve of AMPD from Dalai hydrologic station

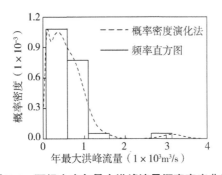

图 5.4　石门水库年最大洪峰流量概率密度曲线

Fig. 5. 4　Probability density curve of AMPD from Shimen Reservoir

从图 5.5 及图 5.6 可以看出，相比参数法，采用概率密度演化法计算得到的洪峰流量经验频率点据基本都落在洪峰流量频率曲线上。以图 5.6 为例进行分析，采用参数法计算出的石门水库洪峰流量频率曲线与样本经验频率点的拟合情况为：当频率较小时对数

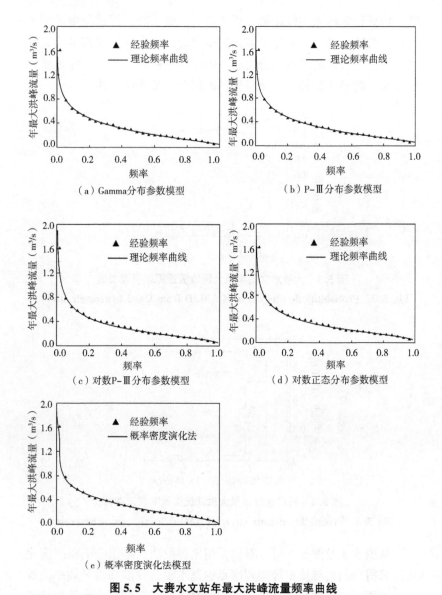

（a）Gamma分布参数模型

（b）P-Ⅲ分布参数模型

（c）对数P-Ⅲ分布参数模型

（d）对数正态分布参数模型

（e）概率密度演化法模型

图 5.5　大赉水文站年最大洪峰流量频率曲线

Fig. 5. 5　Frequency curve of AMPD from Dalai hydrologic station

P-Ⅲ分布计算结果拟合较好；相反，当频率较大时 LN 分布计算结果则拟合较好，而中间部分为 Gumbel 分布计算结果。由此可以发现，参数法 3 种分布线型计算结果均无法实现与样本经验频率整体拟合较好的效果。与之不同的是，无论频率大小与否，采用概率密度演化法得到的洪峰流量频率曲线与经验频率点据的拟合度均较高，洪峰流量经验频率点据基本都落在计算所得到的洪峰流量频率曲线上。这主要是因为概率密度演化法是一种通过样本数据直接估计的方法，其能够拟合各种实测数据资料，包括多峰分布的数值。参数法通常是建立在样本总体分布服从某一特定分布类型的基础上才得以实施的，而单一的分布线型难以对多峰分布的样本数值进行估计。

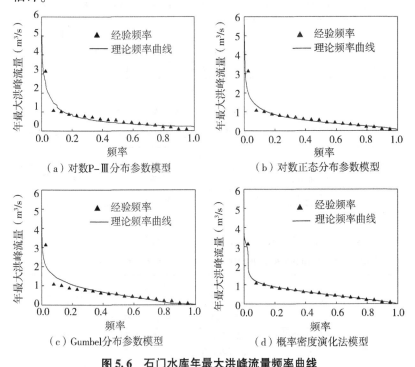

（a）对数 P-Ⅲ分布参数模型　　　　　（b）对数正态分布参数模型

（c）Gumbel 分布参数模型　　　　　（d）概率密度演化法模型

图 5.6　石门水库年最大洪峰流量频率曲线

Fig. 5.6　Frequency curve of AMPD from Shimen Reservoir

为进一步比较概率密度演化法和参数法计算得到的洪峰流量理论频率值与样本经验频率值拟合效果的优劣，采用均方根误差及相对误差对其进行了检验，并将此作为洪水频率估计结果与实测资料拟合精度的度量指标，计算结果见表 5.13 至表 5.16。其中，应用式（5.17）可分析二者样本理论频率与经验频率的均方根误差。

$$E = \sqrt{\frac{1}{n}\sum_{i=1}^{n}\left[P_t\left(z_i\right) - P_e\left(z_i\right)\right]^2} \tag{5.17}$$

式（5.17）中，E 为均方根误差，$P_t\left(z_i\right)$ 为计算出的洪峰流量样本值对应的理论频率。

表 5.13 石门水库均方根误差计算结果

Tab. 5.13 Calculation results of RMS error for Shimen Reservior

方法	参数法			概率密度演化法
	对数 P-Ⅲ分布	LN 分布	Gumbel 分布	
均方根误差	0.088	0.0461	0.065	0.019

表 5.14 大赛水文站均方根误差计算结果

Tab. 5.14 Calculation results of RMS error for Dalai hydrologic station

方法	参数法				概率密度演化法
	P-Ⅲ分布	对数 P-Ⅲ分布	LN 分布	Gamma 分布	
均方根误差	0.0329	0.0230	0.0217	0.0208	0.0187

表 5.15 石门水库相对误差计算结果

Tab. 5.15 Calculation results of relative error for Shimen Reservior

方法		相对误差			
		小于5%的样本频数（频率/%）	小于10%的样本频数（频率/%）	最大（%）	最小（%）
参数法	对数 P-Ⅲ分布	5 (13.20)	9 (23.70)	69.40	0.05
	LN 分布	10 (26.30)	22 (57.90)	80.50	0.81
	Gumbel 分布	8 (21.05)	21 (55.26)	98.30	1.58
概率密度演化法		26 (68.40)	33 (86.80)	47.10	0.10

表 5.16　大赛水文站相对误差计算结果

Tab. 5.16　Calculation results of relative error for Dalai hydrologic station

方　　法		相　对　误　差					
		小于1%的样本频数（频率/%）	小于3%的样本频数（频率/%）	小于5%的样本频数（频率/%）	小于10%的样本频数（频率/%）	最大（%）	最小（%）
参数法	P-Ⅲ分布	5 (9.26)	13 (24.07)	26 (48.148)	43 (79.630)	89.000	0.001
	Gamma 分布	7 (12.96)	26 (48.15)	38 (70.370)	49 (90.741)	94.179	0.036
	LN 分布	8 (14.82)	25 (46.30)	36 (66.667)	45 (83.333)	88.126	0.015
	对数 P-Ⅲ分布	7 (12.96)	25 (46.30)	33 (61.111)	41 (75.926)	61.500	0.125
概率密度演化法		13 (24.07)	28 (51.85)	40 (74.074)	50 (92.593)	47.602	0.064

从表 5.13 可以看出，参数法所包含的 3 种线型与概率密度演化法的均方根误差计算结果大小排序为：概率密度演化法＜LN 分布＜ Gumbel 分布＜对数 P-Ⅲ分布。参数法计算结果与经验频率整体拟合最好的线型为 LN 分布，均方根误差为 0.0461。然而，与概率密度演化法相应计算结果对比，该数值仍然较高，约为后者的 2.43 倍。而观察表 5.14 可以发现，利用概率密度演化法获得的计算结果均方根误差依然最小。上述计算结果表明采用均方根误差表示拟合精度时，概率密度演化法具有较高的准确性，明显优于常用的参数方法。

为更直观地了解相对误差计算结果，可计算样本经验频率值与两种方法获得的相应理论频率值之间的相对误差，统计其落在一定区间范围内的样本频数及频率，相应计算结果如表 5.15 及表 5.16 所示。

由表 5.15 可知，石门水库两种方法计算所得的最小相对误差均较小，基本上可以忽略不计。但通过观察可以发现，二者的最大相对误差存在着明显不同，如参数法中表现最好的对数 P-Ⅲ分布的误差数值（69.4%）约为概率密度演化法对应数值（47.1%）的 1.47 倍，而表现最不理想的 Gumbel 分布结果（98.3%）则达到了后者的 2.09 倍。考虑到最大相对误差均发生在洪峰流量样本值较大处，而较大的设计洪峰流量值对实际工程的影响也更为显著，因此，应尽可能地降低最大相对误差值。此外，落在一定范围内的样本相对误差频数可以反映出计算结果的稳定性，一定范围内的样本相对误差频数越大，计算结果越稳定。进一步观察该表可以看出，参数法中 LN 分布计算结果相对比较理想，不过与概率密度演化法的计算结果相比仍存在较大差异。例如，采用概率密度演化法计算出的 38 个理论频率点据中有 33 个点的相对误差均小于 10%，其中，26 个点的相对误差甚至小于 5%；相比之下，即使放宽相对误差范围到 10%，LN 分布得到的理论频率点据也只有 21 个符合要求，而 5% 精度下则仅为 8 个，其稳定性分别是概率密度演化法对应计算结果的 38.46% 和 66.67%。

观察表 5.16 可以发现，虽然采用两种方法计算大赉水文站洪水频率所得的最小相对误差均较小，但最大相对误差差距却较为明显。比如，参数法中表现最好的对数 P–Ⅲ 分布（61.5%）及最不理想的 Gamma 分布（94%）的计算结果分别为概率密度演化法对应数值（47.6%）的 1.29 倍及 1.98 倍。此外，利用概率密度演化法得到的落在一定相对误差范围内样本频数也均大于采用参数法获得的计算结果。

综上所述，无论以均方根误差还是相对误差计算结果表示理论频率值与实测样本经验频率值之间的拟合效果，概率密度演化法模型均具有较大优势，其拟合实测数据资料的能力要明显优于参数模型。

5.3 小结

为避免采用参数法进行水文频率分析时的线型限制问题及非参数法复杂的核函数选取问题，本研究提出采用概率密度演化法计算洪峰流量概率密度函数及频率曲线。通过统计试验对所提出方法的鲁棒性进行了分析，验证了该方法具有较好的鲁棒性。以台湾石门水库及嫩江大赉水文站作为实例进行了数值分析。结果表明，同常用的参数法相比，基于概率密度演化法的洪峰流量频率曲线计算结果可以更好地与样本经验频率点据拟合，是一种计算水文频率曲线行之有效的手段。具体结论如下。

(1) 采用概率密度演化法计算洪水频率时　不需要提前做出概率分布类型或者密度函数先验分布类型的假设。避免了采用参数法在洪水频率分析时的线型限制问题，因此具有更合理的理论背景。

(2) 概率密度演化法可以作为参数方法估计结果的对比　用以检验采用参数模型估计时其假设分布是否合理。根据本部分实例分析结果，从保守的角度出发，分别采用 P-Ⅲ 分布参数模型及对数正态分布参数模型更加适合大赉水文站及石门水库洪水频率分析计算。

(3) 采用概率密度演化法模型得到的洪峰流量理论频率值与实测样本经验频率值拟合效果明显优于采用参数法获得的计算结果　当以均方根误差及相对误差统计量表示洪峰流量拟合精度时，采用本文方法所得均方根误差计算结果明显小于参数法相应计算结果。以石门水库为例，概率密度演化法均方根误差计算结果仅不足参数法相应结果的 41.22%，且当分别以小于 5% 和 10% 的相对误差所对应的样本数来判断计算结果拟合精度时，前者的拟合精度则至少分别为后者的 2.6 倍及 1.5 倍。实例数值分析结果进一步说明，应用概率密度演化法计算洪峰流量频率曲线是可行且有效的。因此，建议将该方法推广到更多的水文频率分析应用中。

(4) 概率密度演化法作为一种广义的非参数方法　其同样具有非参数法做洪水频率分析时的缺陷，即曲线外延有限，无法较为准确地得到超出样本范围许多的稀遇频率设计值。对于如何克服该方法在应用过程中存在的缺陷，将是今后工作中重点研究的内容。

6

大伙房水库漫坝风险分析

　　本部分将根据第 3 部分提出的计算漫坝风险的改进蒙特卡罗法以及第 4 部分提出的洪水频率分析模型，基于 Matlab 软件编制电算程序，对辽宁省抚顺市的大伙房水库进行漫坝风险计算，并对结果进行分析。

6.1　工程概况

6.1.1　流域概况

　　大伙房水库位于辽河的大支流浑河中上游，坐落于辽宁省抚顺市境内，距离下游抚顺市中心约 18km，距沈阳市中心约 68km，所处位置十分重要。水库控制流域面积 5 437km²，占浑河流域面积的 47.4%，是浑河流域防洪体系中的控制性骨干工程。

　　浑河海拔高程为 750m，全长 364km，流域面积 11 085km²，其流域图如图 6.1 所示。浑河流域洪水主要发生在 6—9 月，洪水成因主要是此期间的大暴雨。根据洪水调查和历史文献记载查明近百年来浑河的特大洪水共发生过 10 次。浑河流域自然地理水文气象特征值如表 6.1 所示。

表 6.1　浑河流域（包括大伙房以上流域）自然地理水文气象特征值

Tab. 6.1　Table of Hun River basin（including the above of Dahuofang basin）natural geographical features of hydro-meteorological

项目			数值
地理位置	大伙房水库		东经 124°04′~124°21′
			北纬 41°50′~41°56′
	浑河流域		东经 122°20′~125°15′
			北纬 41°00′~42°15′
	发源地		清原县湾甸子镇长白山支脉滚马岭
河长	浑河总长/km		415
	坝址以上/km		169
	占总长比/%		40.7
	苏子河/km		148
	社河/km		53
	坝址至抚顺/km		18
	大抚区间	章党河/km	36
		东洲河/km	48
	抚顺至沈阳/km		50
	其间：萌河/km		45
		白塔卜河/km	37
	沈阳以下	细河/km	74
		蒲河/km	205
流域面积	浑河全流域/km²		11 481
	坝址以上/km²		5 437
	其中	北口前以上/km²	1 832
		占贝以上/km²	1 902
		南章党以上/km²	334

（续表）

项目			数值
降水	全流域均值/mm		780
	坝址以上流域均值/mm		792.4
	年均最大值/mm		1 201.5（1995 年）
	年均最小值/mm		560.3（1997 年）
	流域内单站年最大/mm		1 593（佟庄子）
	7—8 月占全年比值/%		48.7
蒸发	全流域平均/mm		1 230
	库水面蒸发/mm		858
	5—7 月占全年比值/%		45.1
平均风速	沈阳/m/s	最大	25.2
		平均	3
	抚顺/m/s	最大	21
		平均	2.9
径流量	浑河流域多年平均/亿 m³		25
	坝址以上多年平均/亿 m³		14.7
	多年平均径流深/mm		270.4
	多年平均流量/m³/s		46.6
	年径流系数		0.341
	变差系数		0.55
	建库后最大径流量/亿 m³		40.4（1995 年）
	历史上最小径流量/亿 m³		5.33（2000 年）
含沙量	多年平均淤积量/万 m³		154.2
	2006 年止已淤积量/亿 m³		0.771

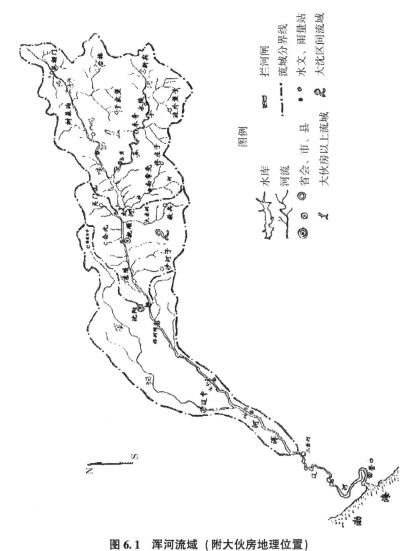

图 6.1　浑河流域（附大伙房地理位置）

Fig. 6.1　Hun River basin map（attached Dahuofang Reservoir location）

6.1.2   水库工程概况

大伙房水库枢纽工程布置概况如图 6.2 所示，工程相关参数如表 6.2 所示，水库水情特征值详见表 6.3。水库以下防洪保护区内有沈阳、抚顺、辽阳、鞍山、盘锦等 5 市 10 县（市、区）60 乡（镇）。该区域内矿企业集中，人口稠密，是辽宁省政治、经济、文化中心和工业、商品粮食基地。

表 6.2   大伙房水库枢纽工程特征

Tab. 6. 2   Table of features for Dahuofang Reservior project

建筑物	项目	数值（m）	建筑物	项目	数值（m）
主坝	坝型	碾压式黏土心墙坝	主溢洪道	溢洪道形式	直泄陡槽式
	设计坝顶高程	138		引水渠底高程	122
	实际坝顶高程	139.8		堰顶高程	125
	设计最大坝高	48		总宽	60
	实际最大坝高	49.8		净宽	52
	坝顶长	1 366.72		孔数	5
	防浪墙顶高程	141		闸门面积	10.4×8.7
	坝顶宽	8		闸墩顶高程	140
	最大坝底宽	322.75	非常溢洪道	溢洪道形式	直泄陡槽式
	坝坡上游			堰顶高程	125
	坝坡下游			堰体总宽	102
一副坝	坝型	黏土心墙		净宽	84
	坝顶长	327.9		全长	321.55
	坝顶宽	8		进水口底高程	94
	坝底宽	212.5		引水渠长度	70.22
	最大坝高	32		闸门段	7
二副坝	坝型	均质土坝		闸后渐变段	12
	坝顶长	107	输水道	闸室体积	18.6×13.6×4.2
	坝顶宽	4		闸门面积	3.2×6.5
三副坝	坝型	混凝土墙砂壳坝		主洞直径	6.5
	坝顶长	210		主洞长度	243.49
	防浪墙顶高程	141		支洞直径	5.5
	最大坝高	9.8		支洞长度	92.3

浑河横穿抚顺市城区，城市防洪堤总长约 40km。沈阳市城区位于浑河右岸，城市防洪堤长约 27.4km，堤防按 300 年一遇洪水设计。沈阳以下现有农田防洪堤总长 257.8km，按 50 年一遇洪水设计，防洪保护区内有土地面积 3 735.2km²，耕地面积 20.55 万 hm²，工农业总产值 2 438.39 亿元（2011 年）。因此，如果大伙房水库发生溃坝事件，其损失将以千亿计算。

表 6.3　大伙房水库水情特征

Tab. 6.3　Table of hydrological characteristics of Dahuofang Reservior

		重现期	单位	千年
水文特征	设计	洪峰流量	m³/s	15 000
		洪水总量	亿 m³	20.2
		重现期		PMF
		洪峰流量	m³/s	24 300
		洪水总量	亿 m³	30.7
	校核	调节水能		多年调节
		校核洪水位	m	139.32
		设计洪水位	m	136.63
		主汛期限制水位	m	126.4
		正常高水位	m	131.5
		防洪高水位	m	135.45
水库特征		坝前河底高程	m	90.0
		死水位	m	108.0
		总库容	亿 m³	22.68
		调洪库容	亿 m³	12.68
		防洪库容	亿 m³	8.14
		多年调节水量	亿 m³	10.2
		已淤积量	万 m³	7 708
		共用库容	亿 m³	4.30
		多年调节库容	亿 m³	6.93
		历史最高蓄水位	m	131.74
		发生时间		1987 年 11 月 20 日
		历时最高洪水位	m	136.46
		发生时间		1995 年 7 月 31 日
		主溢洪道最大泄量	m³/s	5 120
		非常溢洪道最大泄量	m³/s	9 280
		泄洪支洞最大泄量	m³/s	220
		水库最大泄量	m³/s	13 350

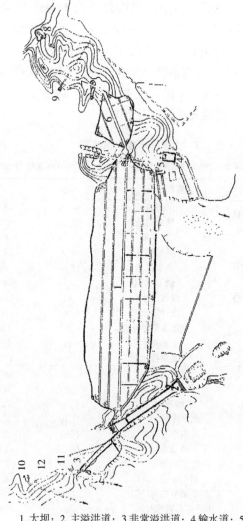

1.大坝；2.主溢洪道；3.非常溢洪道；4.输水道；5.水电厂；

6.二坝；7.贴坡；8.三号堤；9.抚顺取水口；10.辽电取水口；

11.辽电回水出口；12.第二非常溢洪道

图 6.2　大伙房水库枢纽工程布置

Fig. 6. 2　Layout diagram of Dahuofang Reservoir pivot project

6.2 基本资料

6.2.1 水文及相关资料

（1）水库集雨面积 浑河全流域面积为 11481km²，水库集水面积为 5 437km²，占整个流域面积的47.36%。

（2）水库面积特性与容积特性 根据有关汇编资料，可知大伙房水库的水位、库容以及水库面积之间的相应关系如表6.4所示。

表6.4 大伙房水库面积特性与容积特性

Tab. 6. 4 The area and volume characteristics for Dahuofang Reservior

水位（m）	库容（10⁶m³）	水面面积（km²）	水位（m）	库容（10⁶m³）	水面面积（km²）
94	0.28	0.5	115	350.25	40.6
95	1.16	0.9	116	390.5	43.3
96	2.03	1.8	117	434.47	46
97	4.98	2.6	118	482.12	48.7
98	8.02	4	119	533.4	51.5
99	12.71	5.1	120	588.25	54.4
100	18.65	6.8	121	645.94	57.5
101	26.39	8.5	122	705.99	60.7
102	35.78	10.5	123	768.39	63.9
103	46.52	12.2	124	833.12	67.2
104	59.23	14.2	125	900.3	68.9
105	76.33	16.4	126	970.8	73.7
106	93.2	18.7	127	1 045.7	77
107	112.57	21.3	128	1 124.7	80.1
108	134.31	24	129.5	1 242.5	84.95
109	158.46	26.8	130.5	1 339.7	88.05
110	185.05	29.4	131.5	1 431.3	91.2

(续表)

水位（m）	库容 （$10^6 m^3$）	水面面积 （km^2）	水位（m）	库容 （$10^6 m^3$）	水面面积 （km^2）
111	213.8	31.7	132.5	1 521.5	100.7
112	244.7	33.9	137	1 980.3	108.6
113	277.76	36.1	138	2 105.8	111.9
114	312.95	38.3			

注：表中水位为黄海基面。

（3）水位与泄洪能力关系曲线　根据有关试验成果和汇编资料，大伙房水库溢洪道水位与下泄流量关系成果如表 6.5 所示。

表 6.5　水位—库容—主溢洪道、非常溢洪道联合泄流关系

Tab. 6.5　Table of joint discharge relationship for water level-storage capacity – main spillway and emergency spillway

水位 （m）	对应 库容 （$10^6 m^3$）	泄流量（m^3/s）			水位 （m）	对应 库容 （$10^6 m^3$）	泄流量（m^3/s）		
		主溢 洪道	非常 溢洪道	共同 泄流			主溢 洪道	非常 溢洪道	共同 泄流
125	900.3	0	0	0	133	1 570.9	2 629	3 797	5 986
126	970.8	104	202	301	134	1 667.9	3 048	4 528	7 057
127	1 045.7	313	505	782	135	1 767.3	3 455	5 305	8 153
128	1 124.7	606	895	1 415	136	1 871.8	3 850	6 130	9 270
129	1 207.6	960	1 359	2 171	137	1 980.3	4 234	7 006	10 406
130	1 294.3	1 355	1 888	3 025	138	2 105.8	4 613	7 940	11 563
131	1 381	1 773	2 474	3 957	139	2 227.54	4 997	8 940	12 745
132	1 476.3	2 202	3 112	4 949	140	2 353.76	5 398	10 015	13 961

（4）流量资料的搜集与整理　对大伙房水库所处流域的主要流量站逐日洪峰流量观测资料进行统计整理，得流域 1959—2006 年 47 年的年最大入库洪峰流量值。

（5）典型洪水过程　以 1995 年 7 月 30 日的特大洪水过程作为典型过程，采取同倍比放大法对设计洪峰流量进行缩放。

6.2.2 风速资料

根据国家气象信息中心气象资料室提供的中国地面气候资料年值数据集，可以查询到辽宁省 1951—2013 年的逐日最大风速及风向资料，对其进行整理即可得到对应汛期年最大有效风。

6.3 基本资料分析

6.3.1 水文资料分析

（1）年最大入库洪峰流量资料频率分析 分别采用本文第 4 部分中提出的基于概率密度演化法的频率分析方法及参数法中的 P-Ⅲ型分布线型对 1959—2006 年的大伙房水库年最大入库洪峰流量资料进行分析，结果如图 6.3 和图 6.4 所示。

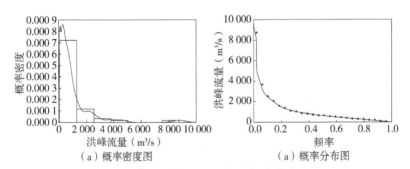

图 6.3 基于概率密度演化法的大伙房流域年最大日降水量频率分析结果

Fig. 6.3 Frequency analysis results of annual maximum daily rainfall for Dahuofang basin according to the PDEM

根据第 4 部分及第 5 部分的分析可知，当设计频率小于实测资料最大值对应的设计频率时，采用基于概率密度演化法所得的设计

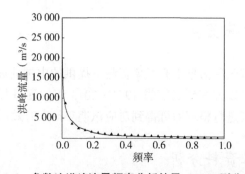

图 6.4 参数法洪峰流量频率分析结果（P-Ⅲ型分布）

Fig. 6.4 Frequency analysis results of peak flow based on parameter method（P-III distribution）

频率值一般均小于参数法计算结果。从工程安全角度出发，此时采用参数法计算所得的设计值更为合理。因此，本文将基于概率密度演化法得到实测最大洪峰流量值对应的设计频率值作为洪水频率划分截点 p_q^*，并且采用基于概率密度演化法的洪水频率模型在 $0 \sim p_q^*$ 区间抽样，采用参数法模型在大于频率 p_q^* 的区间抽样。对于风速的采样也采取同样方法。

（2）水位—库面积 利用表 6.5，拟合水位—库面积关系可得如下曲线表述形式

$$F(z) = -0.0004376z^3 + 0.1784z^2 - 20.93191z + 754.19419$$

拟合后的水位—库面积关系曲线与二者实测数据曲线的对比如图 6.5。

计算可知，当起调水位为 126.4m 时，水位—库面积实测数据与由式（6.1）得到的相应数据之间的最大相对误差为 5.85%。因此，计算漫坝风险时可取库面积的偏差为 5.85%。根据 3.7.1 节相关介绍，设水位对应的库面积服从正态分布，其均值由式（6.1）确定，均方差 $\sigma = 0.0585F(z)$。

（3）泄水能力 由 3.7.1 节的介绍可知，影响水库泄水能力的因素较为复杂。本文在计算时假设实测泄水能力的均值为设计值，

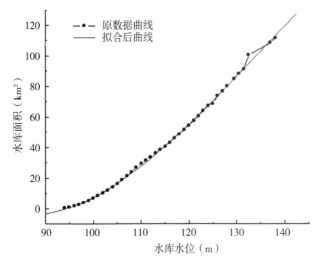

图 6.5　水位—库面积实测数据曲线与拟合曲线对比

**Fig. 6.5　Comparation of the practical curve and fitting
curve for water level- reservoir area**

均方差 σ 根据算术平均误差 δ 近似估计，一般可以取 $\sigma = 1.56\delta^2$。其中，δ 为泄水能力设计值的 5%。

6.3.2　风情资料分析

分别采用参数法中的极值 I 型分布及第 4 部分中提出的基于概率密度演化法的频率分析方法对风速资料进行分析，结果如图 6.6 和图 6.7 所示。

6.4　漫坝风险计算

在分析大伙房水库漫坝风险过程中不考虑频率分析不确定性时，采用改进的蒙特卡罗法生成 10 000 个设计年最大入库洪峰流

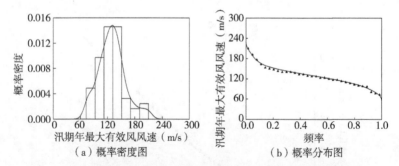

图 6.6　基于概率密度演化法的汛期年最大有效风风速频率分析结果

Fig. 6. 6　Frequency analysis results of annual maximum
effective wind velocity in flood season based on PDEM

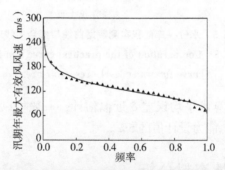

图 6.7　参数法汛期年最大有效风风速频率分析结果（极值 I 型分布）

Fig. 6. 7　Frequency analysis results of annual maximum effective wind
velocity in flood season based on parameter method（Extreme I distribution）

量及风速样本进行计算。当考虑频率分析不确定性时，以生成的每个设计样本值为均值，式（3.34）计算结果为标准差，重新生成 30 个符合正态分布的样本，此时样本总数量变为 10 000×30 个。图 6.8 表示在起调水位为 126.4m，不考虑防浪墙作用时，采用直接蒙特卡罗法和改进蒙特卡罗法的模拟次数对由洪水引起的漫坝风险率收敛性的影响。

　　根据 6.3 节洪峰流量频率分析结果和风速频率分析结果，结合

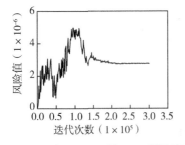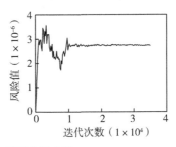

图 6.8　风险率—模拟次数曲线

Fig. 6. 8　The curve of risk probability with simulation times

第 5 部分的漫坝风险分析方法可以获得不同起调水位的大伙房水库风险分析结果，如表 6.6 及表 6.7 所示。

表 6.6　不考虑频率分析不确定性的漫坝风险

Tab. 6. 6　Overtopping risk without consideration of uncertainty of frequency analysis

起调水位 （m）	仅考虑洪水		同时考虑洪水和风浪	
	不考虑防浪墙作用	考虑防浪墙作用	不考虑防浪墙作用	考虑防浪墙作用
126. 4	2.76×10^{-6}	$<10^{-8}$	3.32×10^{-6}	$<10^{-8}$
126. 8	3.91×10^{-6}	$<10^{-8}$	4.58×10^{-6}	$<10^{-8}$
127. 2	4.43×10^{-6}	$<10^{-8}$	5.97×10^{-6}	$<10^{-8}$
127. 6	5.78×10^{-6}	$<10^{-8}$	7.03×10^{-6}	$<10^{-8}$
128. 0	6.73×10^{-6}	$<10^{-8}$	8.15×10^{-6}	$<10^{-8}$
128. 4	7.91×10^{-6}	$<10^{-8}$	9.58×10^{-6}	$<10^{-8}$
128. 8	8.87×10^{-6}	$<10^{-8}$	1.12×10^{-5}	$<10^{-8}$
129. 2	9.91×10^{-6}	$<10^{-8}$	1.29×10^{-5}	$<10^{-8}$

表 6.7　考虑频率分析不确定性的漫坝风险

Tab. 6. 7　Overtopping risk with consideration of

uncertainty of frequency analysis

起调水位 （m）	仅考虑洪水		同时考虑洪水和风浪	
	不考虑防浪 墙作用	考虑防浪 墙作用	不考虑防浪 墙作用	考虑防浪 墙作用
126. 4	4.13×10^{-6}	$<10^{-8}$	4.43×10^{-6}	$<10^{-8}$
126. 8	5.22×10^{-6}	$<10^{-8}$	5.95×10^{-6}	1.03×10^{-7}
127. 2	6.16×10^{-6}	1.09×10^{-7}	7.06×10^{-6}	2.17×10^{-7}
127. 6	7.09×10^{-6}	1.94×10^{-7}	9.12×10^{-6}	3.45×10^{-7}
128. 0	8.94×10^{-6}	3.01×10^{-7}	1.46×10^{-5}	4.62×10^{-7}
128. 4	1.02×10^{-5}	4.13×10^{-7}	1.63×10^{-5}	5.73×10^{-7}
128. 8	1.25×10^{-5}	5.38×10^{-7}	1.77×10^{-5}	6.87×10^{-7}
129. 2	1.37×10^{-5}	6.44×10^{-7}	1.91×10^{-5}	7.96×10^{-7}

6.5　计算成果分析

由图 6.8 可以看出，采用改进的蒙特卡罗法和直接蒙特卡罗法在进行多次迭代模拟后的计算结果非常接近，风险值最终基本均稳定在 2.76×10^{-6}。然而两种方法达到该值时所需的计算次数差异较大，直接蒙特卡罗法需要计算 20 万次左右，而改进的蒙特卡罗法仅需计算 1 万多次，约为前者 5% 的计算量。

观察表 6.6 和表 6.7 可知，风浪对于漫坝的影响较为显著。在不考虑防浪墙作用时，洪水和风浪共同作用引起的漫坝风险为单个洪水作用引起的漫坝风险的 1.07 ~ 1.63 倍。因此，在漫坝风险分析时，考虑风浪作用是十分必要的，特别是对汛期有较强风速的流域，分析风速与洪水联合作用下对漫坝风险的影响则显得更加重要。

利用表 6.6 和表 6.7，还可以对比分析考虑频率分析不确定性与不考虑频率分析不确定性，两种情况对漫坝风险值计算结果的影响。通过观察可以发现，在不考虑防浪墙作用时，对于由洪水造成的漫坝风险，考虑频率分析不确定性的计算结果为未考虑频率分析不确定性计算结果的 1.23~1.41 倍。而当漫坝风险是由洪水和风浪共同作用而引起时，相应结果为 1.18~1.79 倍。这说明频率分析不确定性对漫坝风险分析也存在一定的影响，未考虑频率分析不确定性得到的漫坝风险值明显偏低，由此得到的结论不利于水库工程的安全运行。

根据国外经验，取定大伙房水库的漫坝风险允许值为 $\bar{R}^* =$ 71 200 元/（年×坝）。由 6.1.2 节的介绍可知，在大伙房水库溃坝发生情况下，下游损失约为几千亿元人民币，即 10^{11} 量级。由于漫坝风险 $\bar{R}$ 与漫坝失事概率 P 及漫坝损失 c 之间的关系为：$\bar{R} = P \cdot c$，因此可以确定大伙房水库允许的漫坝概率为

$$P^* = \frac{\bar{R}^*}{c} = 71\ 200/10^{11} = 7.12 \times 10^{-7}$$

由表 6.6 的计算结果可以看出，在不考虑频率分析不确定性时，如果汛期按原有水库调度方式迎洪，即以水位 126.40m 作为起调水位，在不考虑防浪墙的作用时，仅由洪水引起的漫坝风险为 2.76×10^{-6}，大于水库允许漫坝风险 7.12×10^{-7}；考虑防浪墙的作用时，其相应漫坝风险小于 10^{-8}。这说明大伙房水库按照原有调度方式迎洪时，由于防浪墙的存在，漫坝风险较小，是可以接受的。随着起调水位的不断提高，表中的水库漫坝风险计算值也随之不断增大，但在考虑防浪墙作用时，即使起调水位提高至 128.4m，由洪水和风浪共同作用引起的漫坝风险依然小于 10^{-8}，完全可以接受。相应的观察表 6.7 可知，在考虑频率分析不确定性时，由于防浪墙的作用，当起调水位从 126.4m 提高到 128.8m，仅由洪水引起的漫坝风险为 5.38×10^{-7}，依然小于允许值 7.12×10^{-7}，此时由洪水和风浪共同作用引起的漫坝风险为 6.87×10^{-7}，同样可以接受。由此可见，即使将大伙房水库整个汛期防洪汛限水位抬高至 128.8m，由于防浪墙的存在，其漫坝风险依然可以控制。

7

结论与展望

7.1 结 论

大坝运行在空间和时间上都存在延伸性，其内部诸因素之间以及与外界环境之间有着错综复杂的关系，因此，在运行的过程中面临的风险也会日益增多。大坝一旦失事将造成巨大的经济损失、人员伤亡以及社会和环境影响，所以对大坝风险进行研究，特别是对造成大坝失事的主要风险——漫坝风险进行研究非常必要。洪水是造成漫坝失事的主要原因，本研究从水文频率分析方法入手，在介绍目前常用方法的基础上总结了现有方法的不足，建立了基于概率密度演化法的水文频率分析模型，并给出了模型的具体求解方法，为漫坝风险计算时的风险因子频率分析奠定了基础。通过资料查询，对风险分析理论与方法进行了介绍，并重点研究了水库的漫坝风险，以辽宁省的大伙房水库为例进行了分析计算。本研究的主要内容及相关结论如下。

（1）在对风险分析相关理论介绍的基础上，提出了一种改进的蒙特卡罗方法用于计算漫坝风险　该方法采用重要抽样与拉丁超立方抽样相结合的抽样方法替代了传统蒙特卡罗法中对样本系列的简单抽样。通过对其与直接蒙特卡罗法的抽样效果及收敛效果进行分析，可知改进的蒙特卡罗法在计算漫坝风险过程中提高了抽样效率，减少了计算工作量。文中给出了采用改进蒙特卡罗法计算漫坝风险的具体过程，并分析了在考虑频率分析不确定性时采用该方法计算漫坝风险的思路。

(2) 为避免采用参数法进行水文频率分析时的线型限制问题及非参数法复杂的核函数选取问题，提出了一种新的水文频率分析方法 即采用概率密度演化法计算洪峰流量概率密度函数及频率曲线。基于对概率密度演化法原理的介绍，建立了水文频率分析模型，并给出了模型求解及水文频率设计值推求的具体方法。

(3) 通过统计试验对基于概率密度演化法的水文频率分析模型的鲁棒性进行了分析，得到该方法具有较好鲁棒性的结论 以台湾石门水库及嫩江大赉水文站作为实例进行了数值分析。计算结果表明，同常用的参数法相比，基于概率密度演化法的洪峰流量频率曲线计算结果可以更好地与样本经验频率点据拟合，是一种计算水文频率曲线行之有效的手段。此外，概率密度演化法可以作为参数方法估计结果的对比，用以检验采用参数模型估计时其假设分布是否合理。根据实例分析结果，从保守的角度出发，采用参数法进行洪水频率分析时，P-Ⅲ分布参数模型及 LN 分布参数模型更加适合大赉水文站及石门水库进行洪水频率分析计算。

(4) 介绍了由洪水引起的漫坝、风浪引起的漫坝以及洪水和风浪联合作用下的漫坝功能函数和风险计算模型，并对漫坝模型中的风险因子计算方法进行了较为详细的介绍 在此基础上，以辽宁省大伙房水库为例，通过收集整理相关资料，根据所提出的频率分析模型对洪水和风速样本进行频率分析，采用改进的蒙特卡罗法对水库漫坝风险进行研究，最终给出了考虑频率分析不确定性与不考虑频率分析不确定性时，仅洪水作用引起的漫坝风险和洪水与风浪联合作用引起的漫坝风险计算结果。数值分析结果表明：①与直接蒙特卡罗法相比，本研究提出的改进蒙特卡罗法能有效提高计算效率，计算工作量仅为直接蒙特卡罗法的 5% 左右；②风浪对于大伙房水库漫坝的影响比较显著，在进行漫坝风险分析时，考虑风浪作用是必要的，特别是对于汛期有较强风速的水库流域要引起重视；③频率分析不确定性对漫坝计算结果也会产生一定的影响，在风险分析时应该予以关注；④根据漫坝风险计算结果对大伙房水库的调度运行提出了一定建议，以期在保证大坝安全的前提下提高水库兴利效益。

7.2 展望

概率密度演化法作为一种广义的非参数方法同样具有非参数法做水文频率分析时的缺陷，即曲线外延有限，无法较为准确地得到超出样本范围许多的稀遇洪水设计值。对于如何克服该方法在应用过程中存在的缺陷，还有待于进一步研究。

目前，洪水预报在发挥水库防洪与兴利的双重作用中起着越来越重要的作用，然而洪水预报的过程也不可避免的会产生预报误差。本文重点研究了频率分析不确定性对漫坝风险的影响，未对洪水预报误差进行考虑，未来应在本文研究基础上加入对洪水预报不确定性的分析。

随着信息化的发展，如何结合各种风险不确定性因素，建立一种较为完善的漫坝风险分析通用系统，通过在界面输入相关的基本资料，即可查询出相应风险值，将是下一步工作的重点。

7.3 创新点摘要

创新点一：建立了基于概率密度演化法的水文频率分析模型。

为避免采用参数法进行水文频率分析时的线型限制问题及非参数法复杂的核函数选取问题，提出了一种新的水文频率分析方法，即采用概率密度演化法计算洪峰流量概率密度函数及频率曲线。基于对概率密度演化法原理的介绍，建立了水文频率分析模型，并给出了模型求解及水文频率设计值推求的具体方法。采用蒙特卡罗模拟，对所建立的基于概率密度演化法的水文频率分析模型鲁棒性进行了研究，计算结果表明，与常用的参数法相比该方法具有较好的鲁棒性。为进一步研究所提出方法的特性，以中国台湾石门水库及黑龙江省嫩江大赍水文站作为实例进行了数值分析。结果表明，同常用的参数法相比，基于概率密度演化法的洪峰流量频率曲线计算结果可以更好地与样本经验频率点据拟合，说明该方法是一种可行且有效的水文频率曲线计算方法。

创新点二：基于重要抽样与拉丁超立方抽样相结合的方式，提出了一种可用于漫坝风险分析的改进的蒙特卡罗法。

直接蒙特卡罗方法计算过程中采用简单随机抽样生成各个变量随机数，对于发生概率很小的稀遇事件，采用直接蒙特卡罗法抽样需要较多次数的模拟，因此计算量大，效率较低。针对此问题，提出采用一种改进的蒙特卡罗法进行漫坝风险分析。该方法采用重要抽样与拉丁超立方抽样相结合的抽样方法代替传统蒙特卡罗法中的简单抽样。通过对改进蒙特卡罗法与直接蒙特卡罗法的抽样效果及收敛效果进行分析，可知改进蒙特卡罗法可用较少的抽样次数即可得到较为理想的结果，有效提高了抽样效率，减少了计算工作量。

创新点三：对随机变量频率分析不确定性进行了分析。在此基础上，提出了一种考虑频率分析不确定性的漫坝风险计算方法。

由于随机变量频率分析误差的存在会对随机变量设计值计算结果产生影响，故提出了一种考虑随机变量频率分析不确定性的漫坝风险计算方法。在实例分析中，采用该方法对考虑随机变量频率分析不确定性的漫坝风险值进行了计算，并将计算结果与不考虑随机变量频率分析不确定性相应计算结果进行了对比。结果表明，频率分析不确定性对漫坝风险存在一定的影响，该方法考虑频率分析不确定性得到的漫坝风险值明显偏高，所得计算结果更趋向于符合实际。

参考文献

［1］ 莫崇勋，刘方贵. 水库土坝漫坝风险度评价方法及应用研究［J］. 水利学报，2010，41（3）：319-324.

［2］ 莫崇勋，董增川，麻荣永，等. "积分——一次二阶矩法"在广西澄碧河水库漫坝风险分析中的应用研究［J］. 水力发电学报，2008，27（2）：44-49.

［3］ 丛树铮，胡四一. 洪水频率分析的若干问题［J］. 应用概率统计，1989，5（4）：358-368.

［4］ Benson M A. Uniform flood frequency estimating methods for federal agencies［J］. Water Resources Research，1968，4（5）：891-908.

［5］ 郭生练. 设计洪水研究进展与评价［M］. 北京：中国水利水电出版社，2005.

［6］ Kite G W. Frequency and Risk Analyses in Hydrology［M］. Fort Collins：Water Resources Publications，1977.

［7］ Gupta V L. Selection of frequency distribution models［J］. Water Resources Research，1970，6（4）：1 193-1 198.

［8］ Turkman K F. The choice of extremal models by Akaike's information criterion［J］. Journal of Hydrology，1985，82（3）：307-315.

［9］ Ahmad M I，Sinclair C D，Werritty A. Log-Logistic flood frequency analysis［J］. Journal of Hydraulics，1988，98（3）：205-224.

[10] Kuczera G. Comprehensive at-site flood frequency analysis using Monte Carlo Bayesian inference [J]. Water Resources Research, 1999, 35 (5): 1 551-1 557.

[11] Rahman A S, Rahman A, Zaman M A, et al. A study on selection of probability distributions for at-site flood frequency analysis in Australia [J]. Natural Hazards, 2013, 69 (3): 1 803-1 813.

[12] Filliben J J. The probability plot correlation coefficient test for normality [J]. Technometrics, 1975, 17 (1): 111-117.

[13] Vogel R M. The probability plot correlation coefficient test for the normal, lognormal, and Gumbel distributional hypotheses [J]. Water Resources Research, 1986, 22 (4): 587-590.

[14] Vogel R W, McMartin D E. Probability plot goodness-of-fit and skewness estimation procedures for the Pearson Type 3 distribution [J]. Water Resources Research, 1991, 27 (12): 3 149-3 158.

[15] Heo J H, Kho Y W, Shin H, et al. Regression equations of probability plot correlation coefficient test statistics from several probability distributions [J]. Journal of Hydrology, 2008, 355 (1): 1-15.

[16] Kite G W. Flood and Risk Analyses in Hydrology [M]. Littleton: Water Resources Publications, 1988.

[17] Hosking J R M. L-moments: analysis and estimation of distributions using linear combinations of order statistics [J]. Journal of the Royal Statistical Society, 1990, 52 (1): 105-124.

[18] Wang Q J. Direct sample estimators of L moments [J].

Water Resources Research, 1996, 32 (12): 3 617–3 619.

[19] Bhattarai K P. Use of L–moments in flood frequency analysis [D]. Galway: National University of Ireland, 1997.

[20] Zafirakou–Koulouris A, Vogel R M, Craig S M, et al. L–moment diagrams for censored observations [J]. Water Resources Research, 1998, 34 (5): 1 241–1 249.

[21] Gubareva T S, Gartsman B I. Estimating distribution parameters of extreme hydrometeorological characteristics by L–moments method [J]. Water Resources, 2010, 37 (4): 437–445.

[22] Greenwood J A, Landwehr J M, Matalas N C, et al. Probability weighted moments: definition and relation to parameters of several distributions expressable in inverse form [J]. Water Resources Research, 1979, 15 (5): 1 049–1 054.

[23] Landwehr J M, Matalas N C, Wallis J R. Probability weighted moments compared with some traditional techniques in estimating Gumbel parameters and quantiles [J]. Water Resources Research, 1979, 15 (5): 1 055–1 064.

[24] Hosking J R M, Wallis J R, Wood E F. Estimation of the generalized extreme - value distribution by the method of probability - weighted moments [J]. Technometrics, 1985, 27 (3): 251–261.

[25] Hosking J R M, Wallis J R. Parameter and quantile estimation for the generalized Pareto distribution [J]. Technometrics, 1987, 29 (3): 339–349.

[26] Seckin N, Yurtal R, Haktanir T, et al. Comparison of

probability weighted moments and maximum likelihood methods used in flood frequency analysis for Ceyhan River Basin ［J］. Arabian Journal Forence and Engineering, 2010, 35 (1): 49-69.

［27］ Raynal-Villasenor J A. Probability weighted moments estimators for the GEV distribution for the minima ［J］. International Journal of Research and Reviews in Applied Sciences, 2013, 15 (1): 33-40.

［28］ Wang Q J. Estimation of the GEV distribution from censored samples by method of partial probability weighted moments ［J］. Journal of Hydrology, 1990, 120 (1): 103-114.

［29］ Wang Q J. Unbiased estimation of probability weighted moments and partial probability weighted moments from systematic and historical flood information and their application to estimating the GEV distribution ［J］. Journal of Hydrology, 1990, 120 (1): 115-124.

［30］ Wang Q J. Using partial PWM to fit the extreme value distributions to censored samples ［J］. Water Resources Research, 1996, 32 (6): 1 767-1 771.

［31］ Diebolt J, Guillou A, Naveau P, et al. Improving probability-weighted moment methods for the generalized extreme value distribution ［J］. Revstat-Statistical Journal, 2008, 6 (1): 33-50.

［32］ Prescott P, Walden A T. Maximum likeiihood estimation of the parameters of the three-parameter generalized extreme-value distribution from censored samples ［J］. Journal of Statistical Computation and Simulation, 1983, 16 (3-4): 241-250.

［33］ Cohn T A, Stedinger J R. Use of historical information in a maximum-likelihood framework [J]. Journal of Hydrology, 1987, 96 (1): 215-223.

[34] Jam D, Singh V P. Estimating parameters of EV1 distribution for flood frequency analysis [J]. Jawra Journal of the American Water Resources Association, 1987, 23 (1): 59-71.

[35] Adlouni S E, Ouarda T B M J, Zhang X, et al. Generalized maximum likelihood estimators for the nonstationary generalized extreme value model [J]. Water Resources Research, 2007, 43 (3): 3 410.

[36] 丛树铮, 陈元芳. 适线法中拟合优度与设计值精度关系的分析 [J]. 河海大学学报: 自然科学版, 1989, 17 (4): 97-102.

[37] 邓育仁, 丁晶, 韦雪艳. 水文计算中的模糊优化适线法 [J]. 水电站设计, 1995, 11 (4): 43-47.

[38] 邱林, 陈守煜. P-Ⅲ型分布参数估计的模糊加权优化适线法 [J]. 水利学报, 1998, (1): 33-38.

[39] 费永法, 平克建. 设计洪水频率曲线数学适线法的比较分析 [J]. 水文, 2001, 21 (6): 26-28.

[40] 陈元芳, 赵利红, 许睢, 等. 适线法估计 P-Ⅲ分布设计年径流量的统计试验研究 [J]. 河海大学学报（自然科学版）, 2007, 35 (2): 176-180.

[41] 周川, 陈元芳, 魏琳, 等. 适线法在洪水超定量系列频率分析中的应用研究 [J]. 水电能源科学, 2011, 29 (3): 48-50.

[42] Chen Y, Hou Y, Pieter V G, et al. Study of parameter estimation methods for Pearson-Ⅲ distribution in flood frequency analysis [J]. IAHS-AISH, 2002, 271: 263-270.

[43] 丛树铮, 谭维炎, 黄守信, 等. 水文频率计算中参数估

计方法的统计试验研究 [J]. 水利学报, 1980, (3): 1-15.

[44] 宋松柏, 康艳. 3 种智能优化算法在设计洪水频率曲线适线法中的应用 [J]. 西北农林科技大学学报 (自然科学版), 2008, 36 (2): 205-209.

[45] 董闯, 宋松柏. 群智能优化算法在水文频率曲线适线中的应用 [J]. 水文, 2011, 31 (2): 20-26.

[46] 周富春, 熊德国, 鲜学福, 等. 描述水文频率曲线的一种新的数学模型 [J]. 重庆大学学报 (自然科学版), 2003, 26 (9): 6-8.

[47] Liang Z, Li B, Yu Z, et al. Application of Bayesian approach to hydrological frequency analysis [J]. Science China Technological Sciences, 2011, 54 (5): 1 183-1 192.

[48] Tung Y K, Mays L W. Reducing hydrologic parameter uncertainty [J]. Journal of Water Resources Planning and Management, 1981, 107 (1): 245-262.

[49] Adamowski K. Nonparametric kernel estimation of flood frequencies [J]. Water Resources Research, 1985, 21 (11): 1 585-1 590.

[50] Schuster E, Yakowitz S. Parametric/nonparametric mixture density estimation with application to flood frequency analysis [J]. Journal of the American Water Resources Association, 1985, 21 (5): 797-804.

[51] 杨德林. 具有历史洪水信息时洪水频率的非参数核估计 [J]. 水电能源科学, 1988, 6 (2): 160-166.

[52] Adamowski K. A Monte Carlo comparison of parametric and nonparametric estimation of flood frequencies [J]. Journal of Hydrology, 1989, 108 (1-4): 295-308.

[53] Wu K, Woo M K. Estimating annual flood probabilities using Fourier series method [J]. Journal of the American Water Resources Association, 1989, 25 (4): 743-750.

[54] Bardsley W E. Using historical data in nonparametric flood estimation [J]. Journal of Hydrology, 1989, 108: 249-255.

[55] Adamowski K, Feluch W. Nonparametric flood – frequency analysis with historical information [J]. Journal of Hydraulic Engineering, 1990, 116 (8): 1 035-1 047.

[56] Guo S L. Nonparametric variable kernel estimation with historical floods and paleoflood information [J]. Water Resources Research, 1991, 27 (1): 91-98.

[57] Lall U, Moon Y I, Bosworth K. Kernel flood frequency estimators: Bandwidth selection and kernel choice [J]. Water Resources Research, 1993, 29 (4): 1 003-1 015.

[58] Faucher D, Rasmussen P F, Bobée B. A distribution function based bandwidth selection method for kernel quantile estimation [J]. Journal of Hydrology, 2001, 250 (1): 1-11.

[59] Kim K D, Heo J H. Comparative study of flood quantiles estimation by nonparametric models [J]. Journal of Hydrology, 2002, 260 (1): 176-193.

[60] 董洁. 非参数统计理论在洪水频率分析中的应用研究 [D]. 南京: 河海大学, 2005.

[61] Kwon H H, Moon Y I, Khalil A F. Nonparametric Monte Carlo simulation for flood frequency curve derivation: An application to a Korean watershed [J]. Journal of the American Water Resources Association, 2007, 43 (5):

1 316-1 328.

[62] Karmakar S, Simonovic S P. Bivariate flood frequency analysis: Part 1. Determination of marginals by parametric and nonparametric techniques [J]. Journal of Flood Risk Management, 2008, 1 (4): 190-200.

[63] Quintela-del-Río A. On bandwidth selection for nonparametric estimation in flood frequency analysis [J]. Hydrological Processes, 2011, 25 (5): 671-678.

[64] Şarlak N. Flood frequency estimator with nonparametric approaches in Turkey [J]. Fresenius Environmental Bulletin, 2012, 21 (5): 1 083-1 089.

[65] Salarijazi M, Akhound-Ali A, Adib A, et al. Flood variables frequency analysis using parametric and non-parametric methods [J]. Water and Soil Conservation, 2012, 20 (6): 25-46.

[66] Yen B C. Risks in hydrologic design of engineering projects [J]. Journal of the Hydraulics Division, 1970, 96 (4): 959-966.

[67] Wood E. An analysis of flood levee reliability [J]. Water Resources Research, 1977, 13 (3): 665-671.

[68] Tung Y K, Mays L W. Optimal risk-based design of water resource engineering projects [J]. Nasa Sti/recon Technical Report N, 1980, 81: 20 316.

[69] Tung Y K, Mays L W. Optimal risk-based design of flood levee systems [J]. Water Resources Research, 1981, 17 (4): 843-852.

[70] Leach M R, Haimes Y Y. Multiobjective Risk-Impact Analysis Method [J]. Risk Analysis, 1987, 7 (2): 225-241.

[71] Haimes Y Y, Petrakian R, Karlsson P O, et al. Multiob-jective risk partitioning: An application to dam safety risk analysis [R]. 1988.

[72] Salmon G M, Hartford D N D. Risk analysis for dam safety – part II [J]. International Journal of Rock Mechan-ics and Mining Sciences and Geomechanics Abstracts, 1995, 32 (7): 342A.

[73] Salmon G M, Hartford D N D. Risk analysis for dam safety [J]. International Journal of Rock Mechanics and Mining Sciences and Geomechanics, 1995, 6 (32): 284A.

[74] Lee J. Uncertainty Analysis in Dam Safety Risk Assessment [D]. Logan: Utah State University, 2002.

[75] U. S. Department of the Interior Bureau of Reclamation. Dam Safety Risk Analysis Methodology [S]. Denver: 2003.

[76] Sun Y, Chang H, Miao Z, et al. Solution method of over-topping risk model for earth dams [J]. Safety Science, 2012, 50 (9): 1 906-1 912.

[77] Goodarzi E, Shui L T, Ziaei M. Risk and uncertainty anal-ysis for dam overtopping – Case study: The Doroudzan Dam, Iran [J]. Journal of Hydro-environment Research, 2014, 8 (1): 50-61.

[78] Ahmadisharaf E, Kalyanapu A J. Investigation of the impact of streamflow temporal variation on dam overtopping risk: Case study of a high-hazard dam [C]. Austin, US: A-merican Society of Civil Engineers, 2015.

[79] 徐祖信, 郭子中. 开敞式溢洪道泄洪风险计算 [J]. 水利学报, 1989, (4): 50-54.

[80] 金明. 水力不确定性及其在防洪泄洪系统风险分析中的影响 [J]. 河海大学学报 (自然科学版), 1991, 19

（1）：40-45.

［81］ 姜树海．基于随机微分方程的河道行洪风险分析［J］．水利水运科学研究，1995，（2）：126-137.

［82］ 冯平，陈根福，纪恩福，等．岗南水库超汛限水位蓄水的风险分析［J］．天津大学学报，1995，28（4）：572-576.

［83］ 王长新，王惠民，徐祖信，等．泄洪风险计算方法的比较［J］．水力发电，1996，（12）：13-16.

［84］ 谢崇宝，袁宏源，郭元裕．水库防洪全面风险率模型研究［J］．武汉水利电力大学学报，1997，30（2）：71-74.

［85］ 王卓甫．考虑洪水过程不确定的施工导流风险计算［J］．水利学报，1998，（4）：33-37.

［86］ 赵永军，冯平，曲兴辉．河道防洪堤坝水流风险的估算［J］．河海大学学报，1998，26（3）：73-77.

［87］ 姜树海．大坝防洪安全的评估和校核［J］．水利学报，1998，（1）：19-25.

［88］ 姜树海．防洪设计标准和大坝的防洪安全［J］．水利学报，1999，（5）：20-26.

［89］ 吴时强，姜树海．非常泄洪设施对大坝防洪安全影响的研究［J］．中国工程科学，2000，2（12）：66-72.

［90］ 陈肇和，李其军．漫坝风险分析在水库防洪中的应用［J］．中国水利，2000，（9）：73-75.

［91］ 王本德，徐玉英．水库洪水标准的风险分析［J］．水文，2001，21（6）：8-10.

［92］ 梅亚东，谈广鸣．大坝防洪安全评价的风险标准［J］．水电能源科学，2002，20（4）：8-10.

［93］ 梅亚东，谈广鸣．大坝防洪安全的风险分析［J］．武汉大学学报（工学版），2002，35（6）：11-15.

[94] 朱元甡. 上海防洪（潮）安全风险分析和管理 [J]. 水利学报, 2002,（8）: 21-28.

[95] 汪新宇, 张翔, 赖国伟. 防洪体系超标洪水综合风险分析 [J]. 水利学报, 2004,（2）: 83-87.

[96] 麻荣永. 土石坝风险分析方法及应用 [M]. 北京: 科学出版社, 2004.

[97] 姜树海, 范子武. 时变效应对大坝防洪风险率的影响研究 [J]. 水利学报, 2006, 37（4）: 425-430.

[98] 莫崇勋. 洪水与风浪联合作用下水库土坝漫坝风险评价及效应研究 [D]. 南京: 河海大学, 2007.

[99] 莫崇勋, 刘方贵. 水库土坝漫坝风险度评价方法及应用研究 [J]. 水利学报, 2010, 41（3）: 319-324.

[100] 孙颖, 滕莉梅, 李其军, 等. 四川凉山大桥水库漫坝风险管理与洪水资源化 [J]. 水利水电技术, 2010, 41（1）: 75-78, 86.

[101] 党光德. 土石坝洪水漫顶模糊风险分析 [J]. 安徽农通学报, 2012, 18（11）: 177-181.

[102] 周建方, 张迅炜, 唐椿炎. 基于贝叶斯网络的沙河集水库大坝风险分析 [J]. 河海大学学报（自然科学版）, 2012, 40（3）: 287-293.

[103] 李宗坤, 葛巍, 王娟, 等. 土石坝建设期漫坝风险分析 [J]. 水力发电学报, 2015, 34（3）: 145-149.

[104] 彭辉, 刘帅, 马国栋. 极端降水条件下土石坝漫坝风险研究 [J]. 水力发电, 2015, 41（8）: 30-34.

[105] 王志军. 我国水库大坝风险评价研究进展及展望 [J]. 大坝与安全, 2008,（3）: 15-19.

[106] 汪元辉. 安全系统工程 [M]. 天津: 天津大学出版社, 1999.

[107] 杜小洲. 桃曲坡水库除险加固后漫坝风险研究 [J].

中国水利, 2012, (22): 32-34.

[108] 麻荣永. 土石坝风险分析方法及应用 [M]. 北京: 科学出版社, 2004.

[109] 陈祖煜. 土质边坡稳定分析原理·方法·程序 [M]. 北京: 中国水利水电出版社, 2003.

[110] Mcbean E A, Hipel K W, Unny T E, et al. Reliability in water resources management [J]. Water Resources Publication Fort Collins Co, 1979.

[111] 于学馥, 宋存义. 不确定性科学决策方法 [M]. 北京: 冶金工业出版社, 2003.

[112] Morgenstern N R, Price V E. The analysis of the stability of general slip surface [J]. Géotechnique, 1965, 15 (1): 79-93.

[113] Yen B C, Ang A H S. Risk analysis in design of hydraulic projects [C]. Pittsburg: 出版社不祥, 1971.

[114] Tung Y, Yen B, Melching C S. Hydrosystems Engineering Reliability Assessment and Risk Analysis [M]. New York: McGraw-Hill, 2006.

[115] Hasofer A M, Lind C N. Exact and invariant second-moment code format [J]. Journal of the Engineering Mechanics Division, 1974, 100 (EM1): 111-121.

[116] Tung Y K, Mays L W. Risk Analysis for Hydraulic Design [J]. Journal of the Hydraulics Division, 2014, 106 (5): 893-913.

[117] Ang A H S, Tang W H. Probability Concepts in Engineering Planning and Design, Volume II-Decision, Risk and Reliability [M]. New York: John Wiley & Sons, Inc., 1984.

[118] Kalos M H, Whitlock P A. Monte Calro Method [M].

New York：Wiley，1986.

[119] 姚宏，李圭白，张景成，等. 蒙特卡罗方法在水污染控制理论中的应用前景 [J]. 哈尔滨工业大学学报，2004，36（1）：129-131.

[120] Haimes Y Y. Risk Modeling，Assessment，and Management [M]. New York：John Wiley，1998.

[121] Ang A H S，Amin M. Reliability of structures and structural systems [J]. Journal of the Engineering Mechanics Division，1968，94（2）：671-694.

[122] Powers G J T F C. Fault tree synthesis for chemical processes [J]. AIChE Journal，1974，20（2）：376-387.

[123] Vesely W E. Reliability quantification techniques used in the Rasmussen study [C]. Philadelphia：Society for Industrial Applied Mathematics，1975.

[124] Cheng S T，Yen B C，Tang W H. Overtopping risk for an existing dam [M]. Urbana：University of Illinois at Urbana-Champaign，1982.

[125] Rasmussen N C. Appendix VI：Calculation of Reactor Accident Consequences [R]. Washington，D C.

[126] 曹声奎，赵延地，张建国，等. 系统可靠性设计分析教程 [M]. 北京：北京航空航天大学，2001.

[127] Hartford D，Baecher G B. Risk and Uncertainty in Dam Safety [M]. London：Thomas Telford Ltd，2004.

[128] 麻荣永，黄海燕，廖新添. 土坝漫坝模糊风险分析 [J]. 安全与环境学报，2004，4（5）：15-18.

[129] 莫崇勋，杨绿峰，麻荣永，等. 水库土坝漫坝危险度评价 [J]. 人民黄河，2010，32（5）：134-135，137.

[130] National Research Council（U. S.），Committee on Safety Criteria for Dams. Safety of Dams：Flood and Earthquake

Criteria [M]. Washing D C: National Academy Press, 1985.

[131] 中华人民共和国水利部. 碾压式土石坝设计规范（SL274 - 2001）[M]. 北京：中国水利水电出版社，2001.

[132] 孙颖，黄文杰. 漫坝风险分析在水库运行管理中的应用 [J]. 水利学报，2005，36（10）：1153-1157.

[133] 杜小洲. 桃曲坡水库漫坝风险研究 [D]. 西安：西安理工大学，2008.

[134] Abramowitz M, Stegun I A. Handbook of Mathematical Functions with Formulas, Graphs, and Mathematical Tables [M]. Eastford: Martino Fine Books, 2014.

[135] 詹道江，叶守泽. 工程水文学 [M]. 北京：中国水利水电出版社，2000.

[136] 中华人民共和国水利部. 水利水电工程设计洪水计算规范（SL44- 2006）[M]. 北京：中国水利水电出版社，2006.

[137] 滕素珍，冯敬海. 数理统计学 [M]. 大连：大连理工大学出版社，2005.

[138] 魏永霞，王丽学. 工程水文学 [M]. 北京：中国水利水电出版社，2005.

[139] Hosking J R M. L-moments: analysis and estimation of distributions using linear combination of order statistics [J]. Journal of the Royal Statistical Society, 1990, 2 (52)：105-125.

[140] 陈元芳，沙志贵，陈剑池，等. 具有历史洪水信息时 P-Ⅲ分布线性矩法的研究 [J]. 2001，29（4）：76-80.

[141] 金光炎. 线性矩法的特点评析和应用问题 [J]. 水文，

2007, 27 (6): 16-21.

[142] Fisher R A. On the mathematical foundations of theoretical statistics [J]. Philosophical Transactions of the Royal Society of London. Series A, Containing Papers of a Mathematical or Physical Character, 1922, 222 (1): 309-368.

[143] Greenwood J A, Landwehr J M, Matalas N C, et al. Probability weighted moments: Definition and relation to parameters of distribution expressive in inverse form [J]. Water Resources Research, 1979, 15 (5): 1 049-1 054.

[144] Landwehr J M, Matalas N C, Wallis J R. Probability weighted moments compared with some traditional techniques in estimating Gumbel parameters and quantiles [J]. Water Resources Research, 1979, 15 (5): 1 055-1 064.

[145] 董洁, 夏晶, 翟金波. 非参数核估计方法在洪水频率分析中的应用 [J]. 山东农业大学学报（自然科学版）, 2003, 34 (4): 515-518.

[146] 陈希孺, 柴根象. 非参数统计教程 [M]. 上海: 华东师范大学出版社, 1993.

[147] Yakowitz S. Nearest neighbor methods for time series analysis [J]. Journal of Time Series Analysis, 1987, 8 (2): 234-247.

[148] Lall U, Sharma A. A nearest neighbor bootstrap for resampling daily precipitation [J]. Water Resource Research, 1996, 32 (3): 679-693.

[149] 《现代应用数学手册》编委会. 现代应用数学手册/概率统计与随机过程卷 [M]. 北京: 清华大学出版

社，2000.

[150] 李杰，陈建兵. 随机动力系统中的概率密度演化方程及其研究进展 [J]. 力学进展，2010，40（2）：170-188.

[151] Li J, Chen J. The principle of preservation of probability and the generalized density evolution equation [J]. Structural Safety, 2008, 30 (1): 65-77.

[152] 李杰，陈建兵. 随机结构非线性动力响应的概率密度演化分析 [J]. 力学学报，2003，35（6）：716-722.

[153] 陈建兵，李杰. 非线性随机结构动力可靠度的密度演化方法 [J]. 力学学报，2004，36（2）：196-201.

[154] Chen J B, Li J. Extreme value distribution and reliability of nonlinear stochastic structures [J]. Earthquake Engineering and Engineering Vibration, 2005, 4 (2): 275-286.

[155] 复旦大学. 概率论：第二册. 数理统计：第二分册 [M]. 北京：人民教育出版社，1979.

[156] 黄振平. 水文统计学 [M]. 南京：河海大学出版社，2003.

[157] 汪荣鑫. 数理统计 [M]. 西安：西安交通大学出版社，1986.

[158] Hsu Y C. Integrated Risk Analysis for Dam Safety [D]. Taipei: National Taiwan University, 2007.

[159] Gentle J E. Elements of Computational Statistics [M]. New York: Springer-Verlag New York, Inc., 2002.

图表目录